西点
凌晨五点半

WEST POINT

王　凡◎编著

中国言实出版社

图书在版编目（CIP）数据

西点凌晨五点半 / 王凡编著.—北京：中国言实
出版社，2013.12
ISBN 978-7-5171-0273-1

Ⅰ.①西… Ⅱ.①王… Ⅲ.①成功心理－青年读物
②成功心理－少年读物 Ⅳ.①B848.4-49

中国版本图书馆CIP数据核字(2013)第303243号

责任编辑：郭江妮

出版发行 中国言实出版社
　　　　地　址：北京市朝阳区北苑路180号加利大厦5号楼105室
　　　　邮　编：100101
　　　　电　话：64966714（发行部）　51147960（邮　购）
　　　　　　　　64924853（总编室）　64963107（三编部）
　　　　网　址：www.zgyscbs.cn
　　　　E-mail：zgyscbs@263.net
经　　销 新华书店
印　　刷 北京紫瑞利印刷有限公司
版　　次 2013年12月第1版　2013年12月第1次印刷
规　　格 710毫米×1000毫米　1/16　14印张
字　　数 178千字
定　　价 29.80元　ISBN 978-7-5171-0273-1

序 言
PREFACE

每天凌晨五点半，大家或许还都沉浸在梦乡中，做着美梦，等着八点的闹铃催促着自己起床洗漱上班。

但是，在大洋彼岸的美国西点军校，同样是凌晨五点半，入学新生已经开始了一天的生活。

五点半起床，是每一个入学新生都必须遵从的规定。从五点半开始，学员的时间已经不再属于自己。他们的时间已经被各种训练和活动牢牢占据。但正是因为这样，他们的意志品质才会得到锻炼，他们的人生才重新起航！

作为一个有着两百多年历史的闻名世界的军官学校，许多人经过西点的历练，成为首屈一指的领袖人才。这其中不乏有一呼百应的政坛领袖，有让敌人闻风丧胆的杰出将领。此外，很多跨国公司的总裁、董事长以及CEO等高级管理人员，也毕业于西点军校，他们之前都没有上过商学院，接受正规的商业教育。

关于西点的荣耀，我们可以看看以下这些从西点毕业的人物：

出身西点的美国总统有三位：内战时期总统——杰斐逊·戴维斯、廉洁总统——尤利西斯·格兰特、风流总统——德怀特·艾森豪威尔。菲律宾前总统拉莫斯也在西点受过训。出身西点的名将有葛兰特·李将军、麦克阿瑟、艾森豪威尔、欧玛·布瑞德利、巴顿将军、麦克威尔·泰勒、布兰特·史考克罗，以及海湾战争指挥官施瓦茨科普夫将军、美国前任国务卿鲍威尔将军，等等。

企业界的西点人更是不胜枚举，通用公司、可口可乐、司拜瑞资讯、杜邦化工的总裁都出身西点；英特尔公司中国区总裁简·睿杰、国际电话电报公司总裁兰德·艾拉斯科、美国在线创业时的CEO詹姆斯·金姆赛、Compass集团总裁约翰·克利斯劳、美国东方航空公司总裁、做过太空人的法兰克·波曼、全美最大零售商——西尔斯总裁罗伯特·伍德，都是西点的毕业生；试图推动并主导全球贸易平台技术的Commerce One，它的董事会主席兼CEO 马克 ·B.霍夫曼毕业于西点，总裁、董事会副主席罗伯特·金米特同样也毕业于西点，他曾在白宫和政府部门任职，并曾出任美国驻德国大使；还有Free Markets公司高级副总裁戴夫·麦考梅克、美林在线投资部的主管克利斯蒂娜·尤哈兹等，他们都毕业于西点。更令人折服的是首度登陆月球的三位太空人当中，就有两位出身西点。

可以说，西点人的足迹遍布世界。这个"领袖人才的基地，商业精英的摇篮"，正以累累硕果向世界展示着它的优秀与强大。

或许我们都在好奇，为什么一座学校能够培养出这么多领袖人才，翻开本书，它会向你揭示西点的"秘密"！

西点精神，从五点半开始！

目录 CONTENTS

第七篇　回望来时路，一路星光

第一篇 西点—领导者的摇篮

荣耀西点两百年

西点有着耀眼的辉煌成就，西点不同凡响。西点造就了一大批跨国集团的总裁、征战沙场的将领、指点江山的国家元首。

西点是"炼狱"，任何想成就一番大业的人都能在此锻造自身、迈向辉煌！

西点是一座"魔鬼训练工厂"，"天将降大任"的"斯人"们在这里进行着严酷的全能训练，并且过五关斩六将，最终力搏群雄、百炼成钢！

光辉事迹彪炳史册

1802年3月16日，美国第三任总统托马斯·杰斐逊签署了一项法案，决定成立美国陆军军官学校，校址定在第一任总统乔治·华盛顿最喜爱的地方——纽约市北郊的西点，故人们常称其为"西点军校"。西点军校是美国培养陆军军官的学校，它坐落在群山环抱、美丽如画的哈德逊河畔。

自从1802年建校以来，西点军校始终把"责任、荣誉、国家"作为校训。国家一词意在唤起一种为美国国家利益和民族理想服务的献身精神；责任和荣誉则是军人职业伦理的核心。校训指导和鼓舞着西点学员恪尽职守、报效祖国。西点军校的校旗是一面黑、金、灰色相间的彩旗。校徽的设计更为别致，上有象征着美国武装力量的盾牌，盾牌上有象征智慧与知识的希腊女神雅典娜的头盔，头盔下有一柄象征着军事职业的希腊短剑，盾牌顶端还绘有一只张开翅膀的美国之鹰，鹰爪紧握象征着战争与和平的十三支利箭和橄榄枝，鹰右边的饰带上刻有校训，鹰左边的饰带上刻有"西点，1802，美国陆军军官学校"的字样。作为美军培养陆军军官学校，西点军校创下了辉煌的成绩。在建校二百年的时间里培养了一代又一代的名将和军事人才，他们都成为影响美军发展的中坚力量。西点军校共为美国培养了3700多名将军，占美国陆军将军的40%（除军事领域以外）以上，西点军校还为美国培养了许多著名的政治家、国务活动家、企业家、教育家、探险家、作家和艺术家。所以，美国前总统罗斯福在回顾历史时曾指出："在这整整一个世纪中，我们国家其他任何学校都没有像西点这样，在我们民族最伟大公民的光荣史册上写下了如此众多的名字。"

领袖的土壤

在两百年的光辉历史中，西点军校培养了许多著名的将领。但更光荣的是有许多总统和总裁也从这里走出。为什么从西点走出的总统和总裁会比其他地方多呢？要找出这里面的成功之道，可以从西点的一整套育人机制窥见一斑。

西点有着培育领袖人才的肥沃土壤和科学先进的培育方法，正是有这样的环境和机制才使西点成为领袖的训练基地。

西点培养领袖人才，从源头上就设定了严格苛刻的标准：西点只收可塑之才！西点每年招生约1400名。凡报考该校的青年，必须是美国公民(除盟军学员外)，年龄17—22岁，身高1.68—1.98米，在高中学习期间，成绩必须名列本班前茅，身体健康，具有一定的组织领导才能。符合上述基本条件者，在参加考试的前一年还必须得到美国总统、副总统、参议员、众议员、州长、市长或部队首长的推荐。获得正式报考资格的青年，必须参加并通过国家统一组织的大学入学考试。然后各军种学员入学资格评审委员会从德、智、体等方面进行全面衡量，择优录取。录取的新生中多数为当年的优秀高中毕业生，还有部分是部队首长推荐的现役、后备役军人及国会荣誉勋章获得者子弟。严格的选拔保证了生源的质量，使西点学员在起点上就胜过别人，为西点实施自己的培养计划打下了牢固的根基。

西点的训练教程既严格又全面，其中包括入模子训练、心理素质训练、军事素质训练、领导能力训练以及科学文化课程。

科学文化课程主要学习大学的文理课程，它的课程设置有鲜明的特点：既反映了西点二百年来在军事职业教育和高等文化教育上的演变和进步，又充分体现了军事教育要求文理结合、传授知识与培养能力并重、满足目前需要与适应未来发展两者兼顾的特殊规律。它的课程设置比普通高校更广泛，适应性更强。

西点对学员进行艰苦的军事训练，这样的训练，使学员不但能够亲自体验陆军士兵的生活，而且能够从更高的角度去认识它和理解它。严格的纪律、艰苦的训练有助于增强个人的自尊心、自信心和责任感。共同的生活所产生的友谊和集体主义精神渗透到学员今后生活的各个方面，从而使他们能够终身受益。

除科学文化、军事教育与训练外，体育教学与训练是西点的一项重要训练内容。西点军校认为，体育锻炼不单纯是为了增强体质，更重要的是一种培养军人精神素质的手段。运动场上紧张、激烈的拼搏同战场有许多相似之处。它需要对抗双方在极其紧张的情况下保持清醒的头脑，并能迅速地对各种复杂情况作出正确的判断和及时的反应。它能最大限度地培养学员坚韧不拔的毅力、自控能力以及果断、勇敢、思维敏捷的气质和竞争意识。一名合格军人所应该具有的团队精神、互帮互助、吃苦耐劳、勇敢顽强和对于胜利后荣誉的追求精神也能在竞赛中逐渐形成；学员的进取心理、组织指挥能力和协调精神均能在竞赛中得以充分的表现。

世界上再好的训练方法都要有严格的规章制度加以保障。因此，为培养学员的组织纪律观念和服从意识，西点军校制定了严格的规章制度。从学员的选拔、录取、淘汰到学员的每日生活、行为准则、服装与仪表、营房与宿舍、人身与财产安全、假期、教学程序、待遇与特殊待遇等都作了详尽明确的规定。这些规章制度像是高悬的达摩之剑，准备随时刺向违规者，对于学员的行为有着很强的约束力。

西点的奖励、淘汰制度也是异常严格的。西点军校十分重视对学员组织领导能力的考察和培养。每隔一段时间，每一个学员均需填写对本连同年级学员的组织领导才能优劣的评议表。西点军校招收新学员的程序、标准本来就十分挑剔，能考入军校已经非常不易，规章制度又如此之多，执行纪律非常之严，学员的淘汰率非常高，新学员入校后的前3个月就达15%左右，其中相当一部分是由于忍受不了严酷的训练、严格的纪律和刻板的生活而自我淘汰的。能完成4年学业顺利毕业成为军官的，只有75%左右。正是由于这种近乎苛刻的纪律要求和大浪淘沙般的筛选，才保证了学员优良的素质和高度的组织纪律观念。

西点著名的"荣誉制度"是它培养领袖人才的精神支柱。"责任、荣誉、国家"六个大字，是西点精神的结晶，是西点军人引以为傲的座右铭。其中的"荣誉"是西点军校对其学员在道德行为方面的要求。学员在校期间的一言一行都必须遵循《荣誉准则》和《荣誉制度》的规定。这是西点军校能够培养出高素质领袖人才的一个很重要的原因。荣誉准则的基本内容是："每个学员决不说谎、欺骗或者偷窃，也决不容忍其他人这样做。"这是整个荣誉体系的基石。

荣誉制度是在荣誉准则的基础上，经过二百年的实践而补充制定的一整套规章制度。它的内容包罗万象，详细而完备，涉及学员生活的各个方面，是每个学员都要严格遵守的。荣誉制度是培养学员忠诚、正直的主要方法，它的实质是强调"自我约束"和"自我完善"，激发学员的荣誉感和责任感。它不仅对在校学员，而且对每一个学员的一生都产生极为深远的影响。它有助于在军队和社会中提高西点毕业生的威望，建立诚实、可信的形象，有助于在西点毕业生周围形成相互信任、相互依赖、相互尊重的良好气氛，使每个西点毕业生都成为品德高尚、受社会和民众尊重的人。

西点的辉煌秘诀

商场如战场，这句话大家都耳熟能详。但真能在惨烈、无情、千钧一发、生死存亡的商战中镇静自如、指挥若定、妙计频出并最终取得胜利，却是非常人所能企及的。

西点的教程正是以战场为训练的蓝本来突破一般人难以战胜的各种障碍。

西点的秘密就在于它的独特训练和无法否认的事实所带来的成功经验。

精英是训练出来的

西点精英训练营让学员学到领导人应该做些什么，如何才能做到。其中有些课程在外人看来，也许会像过去西方人看日本武士道精神一样，觉得难以想象；有些企业领袖或许会认为，西点如此复杂的纪律、如此严格的阶级制度，早已被时代所抛弃。但是西点人深信一个看似矛盾的真理：纪律，尤其是领导的规则，永远是忠诚、创造力和团队精神的基础。

西点精英训练营有一套强有力的课程，涵盖了领导才能的方方面面。这套教学体系严格而完备，能够锻炼学员的身体、知识和心灵。这样的领导教育在任何时代都是无法磨灭的。

西点致力于提供学员正确的经验和训练，培养他们成为堂堂正正的人。任何人走进纽约州哈德逊河畔的西点校园，就踏入了一个以领导为最高使命的文化胜地。从华盛顿、麦克阿瑟、塞耶和巴顿将军等人的雕像前，在学员彼此之间以及学员对学长所表现出来的尊重和关注，处处都显示出西点无时无刻不在强化优秀的领导方式。

从入学的第一天起，学员就会发现他们淹没在一个经验的大熔炉里，学校里的活动丰富而复杂，步调紧凑快捷，刚开始甚至连思考的时间都没有。但是这一切活动和经历，四年课程中的一点一滴，都是为了教导学员如何去领导。西点的宗旨是挑选出一批优秀的青年，通过这样的教育赋予他们领导他人的能力。事实上，全球其他地方很难再找出像西点这样完备的领导训练课程。

"给我任何一个人，只要不是精神病人，我都能把他训练成一个领导人。"西点前任校长潘模将军如是说。西点相信，并不是只有少数人天生具有领袖的特质，而是每个人都具有成为领袖的潜力。虽然很多人普遍认为，领袖人才是自然天生而非后天养成的，但西点军校商界精英训练营却始终不渝地坚信每一个学员都能成为优秀的领袖人才并为此而躬行不辍。"后天领导说"忽略了另一种可能，也就是领袖人物可能既需天分，也要靠后天的努力。诚如组织理论学家西蒙所说："一个天生的好主管，其实是具有一些自然禀赋（聪明才智、活力以及与别人互动的能力）的，但他必须通过实践、学习和经验把这些自然禀赋发展为成熟的技巧。"玉不琢不成器，同样的道理，人不经过良好的教育培训，即使有再好的天资也会被埋没。

时代巨人的摇篮

精英训练营给"领导"下了如此的定义——影响他人一起努力完成共同的目标，这听起来似乎非常简单，但是西点的领导训练，是让学员从实际生活中扎扎实实地从头学起。学习如何领导他人，如同重新学做一个成熟有用的人。在西点，学员真的是一切都得重新过一回，从每一件事要怎么做开始，吃饭、走路，以至于思考，训练营都会教导学员体验全新的方式，使他们脱胎换骨变成一个全新的人。这个过程以及西点的训练方式如何应用于军事体系以外的机构，就是西点成功培训商界精英的百年秘诀！

西点课程的根本，不只是策略或目标，还是一套价值观念的哲学和"跟弟兄们一起站在泥水里"的实践体验，领袖人才要熟悉下属的工作，有问题带着他们一起解决——这些都是西点教授的根本领导价值观念所激发出来的行动。

军方和企业界的领导，只是头衔、纪律约束有别，本质并无不同。军中注重服从，不仅要服从长官的命令，个人的愿望和目标往往也必须有所牺牲。大我的利益——不论是自己所属的一排、一连，或是整个社会国家，这些"大我"都比个人的"小我"重要。战场上的士兵自然会学会把每一件事都认真做好；士兵会随时注意四周环境、注意自己，不把任何事情视为理所当然，不容许发生任何疏忽和失误。正因为利害影响太大，所以有些领导行为在这种情况下更能迅速地表现出来。例如高度的服从、诚实、专注，持久的忠诚和自我牺牲，这些要求和表现也许是一般企业比较少见的。但是就像一排士兵突然遭遇敌人的炮火一样，今天的企业也会面临瞬息万变的危机。此时优秀的领导素质，就愈发显得重要了。

风格独特

企业界往往有一种排斥心理，认为军中不会有什么值得学习的地方。从未直接接触过西点军人的人，对军官的典型印象大概都来自电影《巴顿将军》的第一幕，演技精湛的乔治·斯科特饰演巴顿将军，他站在一面巨幅美国国旗的前面，大声呼吁几百名士兵为国家奋勇杀敌。

这并不是最典型的军人风格。更进一步说，军中的领导方式根本没有一定的风格。加德纳在《论领导》一书中，提到了军事将领形形色色的领导风格。格德纳对马歇尔的描述是"低调、不爱出风头的人，判断力绝佳，能赢得别人无比的信赖"；麦克阿瑟则是"聪明的战略家、有远见的行政主管，精力充沛、行动力强"；艾森豪威尔是一位"杰出的行政主管，最能凝聚共识和团结"；巴顿将军是一位"英勇、热情的战斗指挥官"。

同样也有人说，"企业领导风格"也并没有一定的模式。班尼斯和南讷斯研究了许多成功的企业主管，在《主管的策略》(The Strategies for Taking Charge)一书中得出结论：“成功的企业主管似乎并无明显的模式可循，有人右脑发达，有人左脑发达；有人高有人矮、有人胖有人瘦；有人雄辩滔滔，有人木讷寡言；有人积极进取，有人与世无争；有人衣着光鲜，一看就是成功的企业家，有人质朴无华，丝毫没有企业家的派头；有人民主，有人专制。成功的企业家本质相去不远，实际作风却异彩纷呈，甚至每个人的管理风格都互不相同。”

在西点精英训练营看来，管理风格并不重要。健全的领导，不论在企业界或是军中，其根本在于理念，亦即道德原则(例如正义、慈善)、高尚的价值标准(忠诚、正直、体恤他人)，以及无私地服务于人。学员们在这个理念下学习如何自我培养领导能力，超越一己的抱负和野心，追求众人的共同理想。正是这些超越个人的奉献理想，才能够使一个领导人看清各种不同的现象，看清他可能达到的成就。

辉煌，从西点开始

西点精英训练营的课程堪称魔鬼炼狱，任何一位想成功毕业的学员都要经受难以想象的非人磨练。

“天将降大任于斯人”的艰苦磨练，科学、实用、迅捷的领导管理训练将使学员在任何一个组织中都能胜任领导的职务，都能出类拔萃、傲视群雄！

涅槃而后重生

进入训练营就别想你自己是什么，你只是一颗子弹，你要有足够的耐摩擦力、穿透力、锐利的弹头、高效的杀伤力，除此之外，你呆在什么地方、何时射出、射向哪里，等等，都要不折不扣地听从指挥并坚决执行。

现在让我们看看这个令人惊恐的真实事例：有一名叫莱瑞·杜尼松的西点学员，当他还是个涉世未深的十八岁青年时，他穿着一件红色T恤和短裤来到西点军校。他提着一个小皮箱，到体育馆报到填好所有的表格之后，就走向校园中央的大操场。

杜尼松看到一个穿制服的学长，他的样子只能用完美无瑕来形容。他披着红色的值星带，代表他是新生训练的一个负责人。他远远看到杜尼松就说："嘿，穿红衣服的那个，到这边来。"杜尼松一面走向他，一面伸出手说："嗨，我叫莱瑞·杜尼松。"杜尼松面带笑容，心想学长也会亲切地回答他："嗨，我叫乔·史密斯，欢迎加入西点。"

结果学长却说："笨蛋，你以为这里有谁会管你叫什么名字吗？"杜尼松当场被他喝得哑口无言。接下来学长叫他把皮箱丢下，杜尼松弯下身把皮箱放在地上。他说："笨蛋，我是叫你把皮箱丢下。"这一次，杜尼松弯下身，在皮箱离地五公分左右松手让它掉下去，可学长还是不满意。杜尼松一遍又一遍地重复这个动作，直到最后一动都不动，只把手指松开让皮箱自己掉下去，学长才终于满意了。

高年级学员现在已经不再像过去那样刁难新生了。今天军中主要的领导风格已经大大不同于以往，不再那么专制，也比较尊重部属。西点今天对高年级学员的要求，强调以领导者对待部属的方式来对待新生。在新生训练中，值星的学长说话仍然坚定、公事公办，但是不会再有丢皮箱这类的规矩。值星官会清清楚楚地告诉新生应该知道的事项，该到什么地方去，做些什么事；如果还有人不清楚，值星官会再说明一遍。

不过丢皮箱的规矩，的确反映了一个根本原则，虽然高低年级的关系有所改革，这个原则仍然不变，那就是新生开始学习领导技巧之前，西点必须先让他们知道自己所不懂的地方。

事实上西点新生懂的已经非常多，这批青年就是因为能力学识俱佳，才能够进入西点就读。西点要在这个良好的基础上，把他们陶冶成最杰出的领袖人才。这些青年过去在自己的生活圈里可能都是领袖人物，但是在这里他们不是领袖，起码目前还不是。因此他们的头脑必须变成一张纯净的白纸，必须从零开始。因为从现在起，唯一最重要的事，就是弄清楚并学会他们所不懂、不知道的事情。譬如新生还不懂得如何带兵，不懂得如何有效地鼓舞、训练部属，如何奖惩，如何要求纪律。他们甚至不知道怎么行进、敬礼和着装。训练营让新生认识到：他们不懂的还很多。

天将降大任于斯人

从零开始并不容易，可能令人困惑，甚至恐慌。对他们来说，零点就是服从。新生花一整年的时间学习服从的各个层面：自律、处理压力、善用时间。从服从开始，西点学员要展开四个阶段的领导训练，这就是我们要说的"天将降大任于斯人"的艰苦磨练。训练营的学员必须经受得住炼狱般的折磨才有望叩开胜利的大门。

　　初入西点，首先要参加入围资格训练。这一训练是要把新学员塑造成这支劲旅中的新秀。新学员首先在思想上成为团队的一分子，认识统一、属性统一、行动统一，打散了自成一体、合起来抱成一团。有了这个基础，才能开始真正的训练。

　　心理素质训练是西点在着意锻炼学员的心灵，借此训练使学员们成长为心理上的强者。学员要找到自己心中的敌人，痛快地杀掉它！自卑、恐惧、放弃、软弱、懈怠、萎靡等这些人性的弱点、常人难以突破和逾越的心理障碍都将在这一训练中得到迅速而有效的解决。

　　军事素质训练是打造强悍巨人的必经之路。具备理性的勇猛、过人的体力、超极限的忍耐力和危机生存能力是军事素质的基本要求。怎样突击、进攻、防守、撤退，怎样排兵布阵，怎样组织训练、战术应用、战略制定、超极限行军作战，怎样在实战中应变、保持清醒和正确的分析等一系列的技能极限训练，将使学员们得到终生受用的制胜本领。

　　西点塑造了群雄中的精英，它的杀手锏就是领导能力训练。如何管理人、管理财务、管理组织，如何指挥、协调，如何为组织谋求长远的利益、如何预测并医治组织的病患。科学、现代、实用、迅捷的领导管理训练，将使学员在任何一个组织中都能胜任领导的职务，都能出类拔萃、傲视群雄！

　　在西点受训的领袖人才，同样也经历了基本领导要素的数个关卡，从价值体系到具体行为，从新人到机构的负责人，都必须经过这样的领导训练。

　　西点如此的领导教育，与企业管理之间有很大的相通之处。西点的领导教育历久弥新，这套教育体系不仅适用于企业，它更能匡正许多机构以混乱为常态的弊病。即使我们四周都是混乱，也不需要把混乱看作像天气一样的不可改变。西点传统上对纪律、荣誉、言行合一等观念的坚持，都是能够医治企业时弊的治本良方。

越过难关，苦尽甘来

西点军校训练营的每一关都可谓"鬼门关"！每一关里都充满着艰辛磨练、困顿忍辱的险阻难关和苦尽甘来的感人诗篇！

在这么严苛艰难的西点军校训练中闯过第一关的就是英雄，能够顺利毕业的就是英雄中的精英！

西点华人的英雄风范

有的学员因为忍受不了西点的冷峻、"不近人情"、严酷或者达不到标准、犯错超限而不得不与西点洒泪而别！西点有一个铁的标准：只有通过和不通过，没有中间区域。

在这里我们要特别介绍一位华人，他就是西点1997届毕业生郭宏斌，他是西点军校第一位来自中国大陆的毕业生。他一路过关斩将、顺利毕业。他曾迈着军人的稳健步伐，尤感骄傲和兴奋地从校长克里斯特曼将军手中接过毕业文凭，又无比荣耀地受到了当时的美国武装部队总司令、克林顿总统的亲切接见。

郭宏斌十三岁时和他哥哥一起从河北移民到美国。他的父母是1980年从大陆到美国自费留学的，后移民定居。郭宏斌赴美后继续中学教育。他凭着天资和勤奋，再加上父母的关心和帮助，在学业上突飞猛进。高二时，郭宏斌参加了大学入学预考，成绩优异，名列全美前百分之五。此后几十所名牌大学给他寄来了入学邀请书，其中有哈佛、耶鲁和西点军校。在哥哥的鼓动下，他最后选择了西点。其父郭中枢先生这样说道："西点军校是培养美国军事、政治和其他领域领导人的摇篮。如果我的孩子能够进入西点，说明我们华裔移民可以真正进入美国的主流社会。"

进军西点

进入西点是一个漫长的过程，一般从高三年级的春季学期开始。郭宏斌分别得到了国会众议员罗纳德·马切特雷和参议员约翰·萨菲以及克莱伯恩·佩尔的提名。他们高度评价了郭宏斌在学业、体育、业余活动和领导才能方面取得的成绩，并祝愿他前程似锦。接下去是填表初审，然后是参加文化考试、体检和体能测验，后者主要检视考生的体力、耐力和灵活性。考试内容包括引体向上、跳远、投篮和接力赛跑。郭宏斌通过了所有的考试项目，于1993年4月接到了西点军校的正式录取通知。

西点军校是四年制的院校，类似一所综合性大学，系科主要有英语、历史、外语、法律、经济、数学、物理、化学、土木机械工程、电机、计算机科学、地理与环境工程等。学员可自己选择主修和辅修专业。郭宏斌选择了经济为主修，中文为辅修。学员毕业时获得理学学士文凭。作为军事院校的不同之处在于，学校为陆军部直属的一个旅，由全体在校四届学员组成，人数共约4000。下辖4个团，每团3个营，每营3个连。每连人数在100到120名。连队呈纵序排列，即从每一年级中抽大约30名学员，这样即使每年新旧交替，连队人数也大致会保持不变。

作为一流的军事院校，西点着眼于培养21世纪的领导人物。西点的使命是熔铸每一位毕业生强烈的责任感和荣誉心，激励他们终身为国家和社会服务。

鉴于西点的性质，学校无论在选拔学员还是入学后的管理方面都极其严格。学员的淘汰率很高，如有一门课不及格就会被退学。西点曾招收过一名姓李的华裔学员，就是因为在第三年时有一门课考试不及格，结果不得不挥泪告别西点。后来他改学法律，并创作小说，还颇为成功，其中一部就以他在西点的经历为蓝本。那本书对郭宏斌有一定的影响，当然他的退学经历无形中也给郭宏斌和他的父母增加了不少压力。

心事重重的郭宏斌父母此时在新学员的接收场上又听到了不好的消息。大喇叭在呼叫着三位新学员的名字，他们因为被查出身体不合格，当场就被退学了。这样的消息使他们更加忐忑不安。

西点磨练

当理想化的西点随着入学的兴奋心情迅速退隐到幕后，现实的西点就严酷地摆在郭宏斌的面前。对大多数西点学员来说，第一年都是艰难的，而对郭宏斌来说，则如履薄冰。毕业典礼后，郭宏斌袒露心扉，提到西点的第一年，不禁流露出痛苦和无奈的神色："第一年，苦哇！"

郭宏斌面对着三方面的压力：生活、心理和学习。军校生活从早晨5：20开始。第一件事是看报和送报。学校给每个学员订了一份《纽约时报》，按规矩由新生送给老生。西点实行学员管学员的方式，每个新生都有一个高年级的"顶头上司"，什么事情都要向他报告。送报前必须把报纸的头版新闻、头版体育新闻以及当天的气象、气温熟记在心，还要把当天的伙食菜单背得滚瓜烂熟。这是训练学员的记忆力，也是高年级学员要考他的内容。如背诵不流利或有错误，便会遭到训斥，并且不得争辩。军校在生活上有许多清规戒律，如不准喝酒、不准乱放个人物品等。如有触犯，动不动就罚，最普通的是罚行走。一次，郭宏斌把个人支票放在宿舍的抽屉里被发现，就被罚走10小时。4年中，郭宏斌一共被罚了20几个小时，这在同学中已是很了不起了，因为4年中被罚100小时以上的大有人在。

　　"如果说确实是因为犯了过失而遭训斥和遭罚，我没话可说。可是平白无故地遭训斥和挨罚，心里真是受不了。"郭宏斌至今仍对一起"不白之冤"耿耿于怀。一天下午，他去献血站义务献血。碰上人多手续杂，耽误了他晚上7点要参加的讨论会。等到"上司"见到他，劈头就是一顿臭训："你干什么吃的！为什么别人都回来了，偏你迟到？你有没有问题？"当时郭宏斌真是觉得委屈，泪珠就在眼眶里打转。看着这个年岁和他差不多、仅比他高一年级的"顶头上司"对他那么"放肆"，气真不打一处来。但他还是强忍住没有发作，因为他知道，军人的天职就是忍耐和服从。在西点，面对上司的问题和训斥，下属只能有四种回答："Yes，Sir"，"No，Sir"，"No excuse，Sir"和"I don't know，Sir"。上司是不会听下属解释的。此时，满心"悲愤"的郭宏斌只能挺直了身子，立正答道："No excuse，Sir！"

　　西点的这种"军事化"突击打破了郭宏斌的心理防线。这位一直生长在温暖家庭环境中的华人子弟什么时候受到过这样的待遇？他闷闷不乐，情绪低落。而此时学业上的重重困难也悄然向他袭来。最令郭宏斌头疼的是历史课。缺乏文化背景的他，对这门课实在是捉襟见肘，穷于应付。那些历史年代、人物和事件对他来说真是扑朔迷离。他记此忘彼，张冠李戴，有时简直就是一锅粥。此外，英语课也成了他的"克星"。尽管当时的郭宏斌英语口语已练得相当流利，可碰到写作却一筹莫展。西点的写作课只有两种成绩：通过与不通过。一篇文章无论写得多么精彩，只要教员发现有一个语法或标点符号错误，则通不过。军人吗，容不得半点误差。渐渐地，中学时那个门门得优的郭宏斌不见了，他的平均成绩开始在2.0徘徊。他的情绪和心理正遭受着巨大的挫折和压力。

这一年，郭宏斌犹如在一个雷区里战战兢兢地行走，不知何时就可能踩着了地雷，把自己的西点梦炸得粉碎。然而，他硬是凭着毅力和勇气，在家人的通力支持下，安全地闯过了这片雷区。学年结束时，各课平均成级一跃上到3.0，真是打了一场漂亮的翻身仗。

宝剑锋从磨砺出

艰难的第一年终于熬过去了！以后的三年，西点的"战事"越来越趋于平静。郭宏斌感觉自己是从山顶上往下冲锋，阻力越来越小，速度则越来越快。当然山坡上、草丛中也藏有不少"敌人"，不过比起第一年的雷区，毕竟容易对付多了。

对西点的文化课课程设置，郭宏斌相当满意。基础课使他扩充了横向知识结构，专业课拓展了他纵向发展的天地。每天中午一小时的心得讨论会，围绕着军容、军纪、礼节、荣誉、责任等专题，学员可以各抒己见，畅所欲言。郭宏斌从这些讨论中逐渐懂得了怎样做一个西点人和一个领导人。他的视野开阔了，心胸宽广了，信心也更加强了。

西点学员的军事训练一般都安排在暑假期间进行。每年夏天，郭宏斌都要接受三至五个星期的实地军事训练，内容主要为野地拉练：射击、行军、摸爬滚打无所不包。最后一年还实地去野战部队实习带兵。经过四年的军事磨练，郭宏斌已经成为一个标准的职业军人。他的羽翼已经丰满，随时准备搏击长空。

"西点四年虽然很苦，但却值得。"郭宏斌曾对自己的西点生涯这样总结说，"西点教会了我很多东西，如诚实、勇气、自信心、领导管理才能等，但最重要的是使我懂得了什么是荣誉和责任，西点也赋予了我荣誉和责任。"

第二篇 新兵入围—从5:30开始

把小我融入大我

西点是一个大熔炉，它要求西点人在这里把原来的旧我彻底抛弃，重塑一个全新的自我，把"小我"融入"大我"之中。其目的就是要让每一个学员都能够真正认识自己，从而在真实的基础上取长补短、对症下药，为铸造完美的西点领袖、商界精英准备好模具！

从内到外更换自我

众所周知，每一位刚刚加入企业的新员工，首先都要学习并认同这个企业的文化，遵守企业的规章制度，使自己在理念上、思想上成为这个企业的一分子。这其实就是加入一个团队的第一步。

加入西点军校，必然要走这第一步。而且这一步比加入其他团队要更加严格和艰难。

初进西点的新生，大多是天之骄子，不论在学业还是课外活动上，都曾经是名列前茅的高材生。具备这样条件的青年，也就有可能变成刚愎自用、骄傲自满、不知天高地厚的人。为使新生充分认识未来四年所要接受的训练，他们必须明白他们已经成为一个大团体的一部分，大团体这个"大我"远高于他们的那一个"小我"。受训中人必须先明白他们个人的极限，而后才能够学习如何领导他人。

新学员从踏入校门的第一天，也就是新生训练开始，就不准再留存任何最基本的个人财物以及任何代表个人特点的象征。在最初的几个星期里，新生几乎就像新生儿一样，无名无姓，也不许表现独立的个性，只有一个学员编号——几个枯燥的阿拉伯数字。所有男生头发都是理得几近光头，女生则是剪成齐耳短发，便服换成了清一色的灰色T恤、黑色短裤、长筒黑袜，再加上一双笨重的靴子。在新生训练的一整天当中，新生几乎像无头苍蝇一样冲过来，跑过去，发号施令的学长则是指挥若定，穿着一身笔挺的灰色制服，配着红色的值星带。新生训练由高年级学员主持，每一项活动都经过精心规划，不容许一分一秒的误差。西点每年录取1300名新生，在报到之后，他们对自己的时间就完全失去控制权了。学长做过简短的说明之后，立刻分配一连串的任务，而且必须在规定时间内完成，新生根本没有一点喘息的机会，没有任何时间思索他们身处何处、要到哪里去。西点毕业生提起新生训练，大多表示"令人无所适从"、"一片混乱"。艾森豪威尔提起他在西点的第一天曾经这么说过："我想如果容许我们有一丁点儿时间想一下的话，大部分的人可能都会选择离开。"由此可见西点的"入模子"训练是相当严酷的。这不由得令我们想起了《水浒传》中监狱里的"杀威棒"，只要有新丁进来，不管他是"何方神圣"，都要杀尽他的锐气和霸气，让他老老实实地听从管教。西点虽无这样惨烈的非人折磨，但新生第一天的入模子训练却起到了类似的作用。

在八个小时的新生训练课程之后，来自世界各地的男女新生都已经改头换面，身着西点制服，以整齐的队伍行进，在亲朋好友的注目下，正式成为西点的一员。

高速运转 锻造自身

经过第一天的象征性训练，西点新生的正式训练生活开始了。这种训练将使新生真正地纳入西点的系统中，在这个高效率、高强度、高密度的运转中迅捷地锻造自身！

西点学员的每一天都是节奏紧张而单调的，甚至可以说是枯燥乏味的。这种生活以永不变动的节奏和形式年复一年地运转着。

早晨5：30（新生起床的时间），一声清脆震耳的炮响，宣布了一天生活的开始。紧接着军乐队开始一遍又一遍地吹响起床号。6：05，一声长铃响起，一年级新生便站在营房过道上高声报时、报菜单。6：10，五声短铃，一年级新生重复背诵他们的任务。6：11，四声铃响，新生的背诵词依旧，但不用背菜单了。在经过三声铃响和两声铃响这断续的组铃，新生们就要高喊："这是集合前的最后一分钟，长官！"喊完后立即转身，跑步出门列队。

对高年级来说，他们对早晨这一套繁琐的细节已经掌握得炉火纯青、驾轻就熟。着装、铺床、整理房间等等，做起来干净利索，没有一个多余的动作。学员着装都有严格的规定，根据活动、季节、温度、降雨等情况和时辰而变化。服装包括卡其布军服、工作服、运动服、体操服、制服和礼服，等等。仅课堂制服就有5种式样：标准式，加灰茄克的，加短大衣、领带和手套的，加雨帽的，加长衣的。每天每个营区上空都有一面制服旗（共有12种）随风飘动，告诉学员应着何种服装。当然，学员各式各样的服装都挂在每个房间指定的位置、指定的挂钩上。房间里的其他标准设备包括每人一张书桌、一张金属床、一把椅子、一个带大镜子的衣柜、一个废物箱和一个带锁小橱。宿舍里极少有从外面带进来的无关东西——一年级学员甚至要到第二学期才允许带收音机。每张书桌上摆的都是相同的书，每个抽屉里装的东西都一样，连摆的位置、次序都一样。凡是未经批准的东西，如零食、擦鞋喷雾器等，都装在军用帆布袋内，检查时都要放在隐蔽处。从《整理宿舍标准程序》里的某些规定中，我们可以窥见学员宿舍要求的严格和单调性：

"宿舍应随时保持整洁，不用的东西都应放在指定的地方。……学员只允许拥有配发的东西或经专门批准的东西。……烟灰缸：每人可以有一个（每个宿舍至少有一个），应放在书桌的右上角，必须经常倒洗干净。……文具盒：至多有两个，应从学员商店或西点商店购买，只能放书写用具，平边向前。……笤帚：放左侧床下，把要朝上。相片：每人只许有一个相框。……窗帘：高度为窗高的一半，用绳子绷紧……"

当早晨的最后一遍铃响时，全体学员都整齐地来到操场上，在队列里立正站着。西点共有4个学员团，每个团约1000人，各团分别在各自的操场上列队、报告、点名，然后全体学员列队到餐厅吃早饭。

餐厅外形犹如一个巨大的星状物，发出嗡嗡回声的大厅，好似巨大无比的音乐厅。厅内摆放着400来张一模一样的10人餐桌，四周装饰着西点出类拔萃的校友肖像以及几十面旗帜和粗大的木柱。

学员进食堂前必须脱帽，然后在指定的餐桌前就坐。规定的就餐时间是25—30分钟。全体学员进入食堂并走到座位前通常需要12分钟。在简短的谢恩祈祷之后，学员们坐下开始进餐，这时，进餐的时间只剩下15—18分钟了。学员们必须在这十几分钟内填饱肚子，而且姿势、动作都要规范。

进餐将结束时，第一盏灯亮了，四年级学员可以离开；接着另一盏灯亮了，三年级学员可以离开；再接下去便是二年级学员；很显然一年级新生只有排在最后了。

全体学员终于都回到了自己的宿舍，这时大约还有30分钟让他们整理打扫房间，可能的话再看看报纸。7：30，铃声再次响起，提醒大家离第一节课还有15分钟。

在正常情况下，上午的课程到11：50结束，然后学员们回营房。12：00，一声长铃响后，一年级新生开始他们单调的报时喊叫。12：10，每个学员都已站到队列里，准备去吃午餐。13：00，学员上课，并按照规定着装，带上该带的书。

下午的课程到15：15结束。15：30，又一阵铃声使学员们得以享受到全天第一次有所变化的活动。根据不同的天气、季节和总训练计划，活动内容可能是在校内进行体育运动，参加或观看体育比赛、队列检阅、罚走等，有时还有点自由支配的时间。

西点是一个大熔炉，它要求西点人在这里把原来的旧我加以彻底改造，重塑一个全新的自我，把"小我"融入"大我"之中。其目的就是要让每一个学员都能够真正认识自己，从而在真实的基础上取长补短、对症下药，为铸造完美的西点领袖、商界精英准备好模具！

思想高度统一

思想的高度统一神圣不可侵犯！思想指挥着行动，一切行动都要听从思想的指挥。这是永远颠扑不破的真理！

西点用荣誉责任观、强烈的事业心、营造事业理论、至高无上的荣誉制度建立着共同的价值观。西点就是用这一灵魂统领着这支优秀的团队。

西点的荣誉责任观

西点学员章程规定：每个学员无论在什么时候，无论穿军装与否，无论是在西点内还是在西点外，也无论是担任警卫、宿舍值班员还是值星官等，都有义务、有责任履行自己的职责和义务。而且要求任何人在履行职责时，其出发点都不应是为了获得奖赏或避免惩罚，而是出于发自内心的责任感。

这个要求非常高。

什么是学员的责任呢？最基本的是遵守和维护西点和陆军制定的各项规章，不仅自己照章办事，不越轨而为，对于任何违反规章的人和事也要照规章的要求予以提示、劝戒或纠正。当然，责任的范围可能很宽泛，甚至没有明确的规定，既可以是学习的、军事的，也可以是生活的、社交的，甚至是伦理方面的。每个学员都要以责任感做出正确对待，任何细小的事情都不可率性而为，都不能不计后果。

1962年6月麦克阿瑟在西点发表演说，曾清楚地阐释了西点的荣誉责任观："诸位是西点所培养的伟大将领和军事精英，肩负着战时的全国命运。这一长列穿着灰色制服的军士，从没有辜负过国人的期许。倘若你们辜负国人的期许，立刻会有上百万的军魂，穿着草黄色、棕色、蓝色、灰色制服的军魂，从白色十字架下翻身起来，对着你们齐声高喊责任、荣誉、国家。"

大部分机构对于自己的历史，往往不当一回事，任意改写甚至背弃。但西点军校却是不断地以西点历代的伟人为典范，从而激励学员更加尊重西点的传统，更加珍惜他们身为西点人的地位。也许有些人会觉得这些话太唱高调了，但是强调西点历史确实有实际的作用。例如学员如果必须勉强自己做些并不想做的事情，他们心里可能会想："我不懂做这件事有什么用，不过麦克阿瑟跟我做过一样的事情，葛兰特、巴顿也是一样，他们之所以成为伟人，与做这样的事情一定有关系！"

西点坚信，没有责任感的军官不是合格的军官，没有责任感的经理不是优秀的经理，没有责任感的公民不是好公民。责任感，对自己、对国家、对社会、对民族，任何时候都不可或缺。司令官要为士兵树立榜样，要为下级的行动负责，甚至还有更多的责任。士兵、下级也要以相同的责任感和行动回报长官，这是做成任何一件事的基本条件。因此，西点在教育中，一刻也不松懈对学员责任的教育。每有对此攻击者，都会遭到毫不客气的回击。

许多从西点走出来的大人物都对西点赋予学员的责任感赞叹有加，不少人还提升到国家利益的高度对此予以肯定。

西点的基本教育方针指出：责任和荣誉是军事职业伦理观的基本成分，它们鼓舞并指导毕业生努力报效国家、努力为社会服务。荣誉起着某种完美观念的作用，这一作用既可以使爱国主义精神长存，又可以提供一种衡量责任履行程度的天平。

荣誉教育统领德育

在一般人看来，荣誉属于道德教育的一部分，带有"软指标"的成分。西点荣誉教育则统领德育，这是其道德发展方针的核心内容，有时甚至是全部内容。不仅如此，西点的荣誉教育是有形的，看得见摸得着并带有强制性的。荣誉教育可以激发学员的荣誉感和责任感，可以化作强烈的内在动力，帮助每个学员完成学业，取得成就，进而影响学员的一生。

荣誉教育完善学员人格，促进道德全面发展。在荣誉熏陶中，学员懂得了军事职业的价值标准，明确了个人价值在人类行为中的地位和作用，分清了法律与道德之间的关系，从而养成高尚的品德。

无比强烈的事业心

在激烈的竞争中，要领导一个企业蓬勃发展也绝非易事。一个企业家要想取得成功，不仅要看他们具有多少广博的知识、多强的经营能力、多高的领导水平，更重要的，还要看他们是否具有一种强烈的事业心。有没有事业心，结果是大不一样的。一个企业家树立了强烈的事业心，至少可以在三方面表现出超越一般企业领导的特点：

（1）洋溢着专精于事业的激情。满怀事业心的企业领导，必然洋溢着一种为事业的成功拼尽全力的激情。企业领导的工作，是复杂的创造性劳动，不仅是体力的付出，更重要的是脑力的付出。领导工作是通过创造性的思维活动为企业指出成功之路。而这种创造性的思想、策略、谋划往往是和领导者的激情连在一起的。根据科学家的研究，人在不高兴和情绪低落时，是很难集中精力进行思维的，其想象力只有平时的二分之一，或者更少。美国管理权威赫茨伯格积几十年的经验，总结出创新者的关键特征，其中主要的一条就是激情迸发、才思敏捷。有激情的人，他们的整个身心都在积极地活动。充满激情，就能够在事业中比别人有更大的活力，从而快速地缩短与目标之间的距离，最后夺取成功。

（2）爆发出勇于胜利的雄心。企业的经营活动是在激烈的竞争中进行的，犹如参加国际体育比赛一样，如果一开始就估计要失败，而不敢拼搏，其结果也只有以失败告终。一个雄心勃勃的总裁，他决不会甘于人后，即便是失败，也要拼搏一番。这种勇于竞争的雄心来自于对事业的坚定和热爱。从这个角度上说，生命的全部意义就在于使事业获得成功。日本丰田汽车公司总经理丰田喜一郎曾经说过："要在三年内赶上美国，否则日本的汽车工业就别想重建了。"事隔几年，丰田汽车公司果然在与汽车王国美国的竞争中，逐步战胜克莱斯勒公司，超过福特汽车公司，跃居世界第二位。

（3）深涵着百折不挠的韧性。有成功必然有失败，大的成功往往经历过更多的失败。谁笑到最后，谁就笑得最好。如果一遇到困难挫折就中途退缩，那自然就与成功无缘了。坚信自己事业的正确，就能振奋起知难而进、百折不挠的精神。

世界旅馆之王——希尔顿饭店的创始人康·尼·希尔顿有句名言："大家牢记，万万不可把我们心里的愁云摆在脸上！无论饭店本身遭遇何等的困难，希尔顿服务员脸上的微笑永远是顾客的阳光。"坚持不懈就会通向胜利，中途退缩则会前功尽弃。要想真正取得成功，就必须把必胜的信心坚持到最后。

荣誉是职业军官的行为标志，是军事生涯的重要组成部分。既投身于戎武，就要在军事领域奉献青春年华，就要有强烈的成就欲，有强烈的荣誉感。通过成就创造荣誉，通过荣誉感取得更大成就。因此西点对此坚信不疑，始终把荣誉教育优先考虑。

西点新生一入学，首先就要接受16个小时的荣誉教育。实施教育主要用具体事例说明珍惜荣誉、争取荣誉、创造荣誉、保持荣誉的重要性和方式方法，以及荣誉感对一生的好处。然后，以不同方式将荣誉教育系统地贯穿于训练营生活的始终，目的是让每一个学员逐步树立起一种坚定的信念：荣誉是西点的生命。

正因为如此，西点军校经过二百年的实践逐步补充完善了一套荣誉规章制度。它的内容包罗万象、详细完备，涉及学员生活的方方面面，而且要求每个学员都必须严格遵守。

至高无上的荣誉制度

在西点，荣誉制度和纪律规定相比，似乎前者更引人注目，更有权威，也更严厉。背离荣誉准则的处罚一般也要比违反纪律的处罚来得严重。1966届的学员中有一个不幸的人，他由于过不惯冷峻单调的生活而心慌意乱，跑去参加一个学员的宗教团体晚会，想在那里找到几小时的安慰。当时，他不知道按照章程规定他有权参加这个聚会，他是忍不住去的，并在自己缺席卡上填了"批准缺席"。当晚回到宿舍后，他又回顾了一下自己的所作所为，左思右想总觉得自己犯了罪，于是便向学员荣誉代表坦白交代了。这时他才知道自己有权参加这个聚会，但为时已晚。虽然他的行为一点儿也没有违反校规，但荣誉委员会认为他有违反荣誉准则的动机，因而第二天就被开除了。

这件事似乎太残酷、太不近情理了。但这样的事在西点很普遍。更有甚者，一名1974届的新学员在回答一个突然提出的问题——"你擦过皮鞋了吗"时，他说擦过了，实际上他并没有擦。但他心里害怕，不敢立即纠正。后来被同学告发，他被迫退学。

许多西点军官和学员在荣誉制度问题上，比军校当局更为认真。他们甚至说："西点军校的荣誉制度高于法律，我们不会受到在法律上找毛病的这伙人的影响。我们要坚持西点的道德标准。西点的道德标准比美国国家标准更高一层。"

一位西点毕业生说："我们应该继续执行荣誉准则，因为军事领导者需要更高的荣誉美德。但是，如果法律上的漏洞使犯了罪的学员获得自由，我们又如何维护学员的荣誉呢？"

马修·李奇微将军也持同样的观点。他说："西点军校一直是美国陆军高尚道德精神的无穷无尽的源泉。是陆军军官中的西点毕业生，把这种精神反复灌输给了全体军官。我认为，再没有什么别的东西可以代替这种道德力量。我们绝不能为向某种低下的社会道德让步而放弃西点军校的荣誉道德准则。"由此看来，西点把荣誉看得至高无上。

建立共同的价值观

在所有成功的机构中，领导人都能够让追随者深以整个团队为荣。要做到这一点，团队成员和整个机构之间，必须要有共同的价值观来进行维系。

西点对于培养学员把团队的价值作为个人的价值这一观念，一向不遗余力。西点整个教育设计都是在加强团队的价值。教导团队价值观的一个主要方式，就是教学员"学员们的历史"，"学员们的历史"也就是西点的历史。

西点新生必须熟记所有的军阶、徽章、肩章、奖章的区别和样式，记住每一种所代表的意义和奖励。背诵这些内容必须聚精会神，下很大功夫，虽然这样做劳神费力，但是对于凝聚团体的价值观，却是立竿见影的。经过这些课程之后，新生不论看到任何军种的任何人，他们马上就能够明白对方在团队中的位置。

除此之外，新生必须背诵的其他教材，乍一看似乎都无关紧要，甚至可以说是故意刁难。譬如教官会问学员圆柱厅(西点的一个会议厅)有多少盏灯，或是校园蓄水库的蓄水量有多少公升，学员还要记得西点对皮革等一些物质的定义。

西点要求学员背诵这些资讯，有几个重要的理由：其一，在军中或在企业界，有的时候我们必须照指示做事，毫不迟疑(例如遇到紧急状况)地执行任务。教官随时一问就要背出这些细节，这样可以训练学员在压力下仍然保持镇静清醒。其二，背诵这些内容，能够进一步加强学员对共有文化的认同，增进彼此间的情谊。其三，也许背诵最重要的意义，在于维持西点的传统，使今天的学员与过去伟大的西点学员紧密相连。过去很多期的西点学员，上自内战后的总统葛兰特，下至艾森豪威尔和"沙漠风暴"指挥官施瓦茨科夫，都背过同样的东西，克服过同样的困难。如此一来，学员不仅是彼此紧密相连的，也是与整个西点传承紧密相连的。

西点的事业理论

西点军校认为，自己的核心竞争力在于培养值得信赖的领导人。这就是西点的事业理论。正是在这一共同的事业理论的指引下，二百年来的西点培养了众多的政坛领袖、军事将领、商界精英。

在现今的工商界中，事业理论也一度盛行。美国著名的管理大师德鲁克拥有着浩瀚的著述（31部著作）、丰富多彩的人生阅历（亲身经历两次世界大战）和世人对他极高的赞誉，从他众多的真知灼见中，我们似乎都可以找到适合自己企业和团队的切入点。但鲜为人知的是他的伟大管理思想的基础其实就是"事业理论"。

我们在现实生活中常常看到，企业在经历了多次高速成长之后，往往会出现停滞、衰退，甚至面临破产、倒闭的灭顶之灾。这样的例子在企业界比比皆是。反思企业的失败，人们最初的认识往往是企业的僵化、企业的快速扩张、资金短缺、官僚主义、员工的懒惰，等等；解决方案则是战略规划、重组、再造、团队激励等。但问题是，陷入困境的企业通常急于做出"反射性"的决策，即：急于寻找答案，而没有列出正确的问题。

德鲁克在分析企业上述问题时独辟蹊径，提出了著名的"事业理论"（The Theory of the Business）。在德鲁克看来，每一个组织，无论其是否为商业性的，都会形成自己的事业理论。一个清晰、一致和目标集中的有效理论是无比强大的。例如，1870年，德意志银行的创始人和首任总裁、第一位全能银行家乔治·西门子提出了一个清晰的理论：在工业化进程中用企业家融资的方式将停留在农业社会中的四分五裂的德国统一起来。在这一理论的指导下，德意志银行经过20年的苦心营造，终于成为欧洲最大的金融机构。它将这一优势地位成功地保持至今，其间经历了两次世界大战、通货膨胀和希特勒的破坏，始终岿然不动、坚如磐石。

同样，事业理论可以解释美国诸多公司的成功以及它们所面对的挑战。它由三个部分构成：第一，组织对其所处环境的假设：社会及其结构、市场、客户和技术。第二，组织对其特殊使命的假设。例如，20世纪20年代，美国电话电报公司确定自己的使命为："让每一个美国家庭，每一个美国企业都能安上电话。"在这一使命的激励下，美国电话电报公司在其后的30年中取得了巨大的商业成功。这个公司的总裁就是西点的毕业生兰德·艾拉斯科(Rand A raskog)。第三，组织对其完成使命所需的核心竞争力的假设。美国公司的核心竞争力在于为客户提供支援管理服务，而非一流的设备和工具。

我们知道，美国微软公司在创立之初提出的口号是："让每个办公室和每个家庭的桌上都摆上一台电脑"，而且"每台电脑都用微软的产品"。这一口号同美国电话电报公司当初为自己确定的使命如出一辙。

德鲁克认为，外部环境的假设决定了公司的利润来源，而公司使命的假设则决定了哪些结果在公司的眼中是有意义的。换言之，即从总体上他们认为自己应该为经济和社会做出什么样的贡献。最后，核心竞争力的假设说明公司为了保持自己的领导地位所必须具备的特长。

建立事业理论必须要达到四个条件：

第一，环境、使命和核心竞争力的假设都必须是符合现实的。在20世纪20年代初，身无分文的曼彻斯特年轻人西蒙·马克和他的三位姻兄创办了马狮公司（Marks & Spencer）。他们认为，开办一家为所有阶层服务的商店应该能成为推动社会变革的催化剂。当时，第一次世界大战的爆发极大地动摇了英国的阶级结构，同时也创造了大量追求时髦商品的新型消费者，这些新型消费者追求物美价廉的内衣、长筒袜。这些商品是马狮公司最初的成功商品。紧接着，马狮公司开始系统发展在零售业前所未闻的核心竞争力。当时，成功的销售商的核心竞争力是高超的采办货物的能力。马狮公司却认为，销售商比生产商更了解客户。因此，应该由销售商，而不是生产商来设计产品、开发产品。销售商应该去寻找能够按照自己的设计生产产品和满足自己成本要求的生产商。马狮公司这种对销售商的新定位花了5—8年的时间才让一直认定自己是"制造商"而不是"分包商"的生产商们接受。

第二，三个方面的假设必须相互协调。在通用汽车公司近几十年长盛不衰的岁月里，这一条起了至关重要的作用。当时通用汽车公司关于市场的假设与它的最优化生产流程就协调得非常好。在20世纪20年代中期，通用汽车公司还决心引入新的闻所未闻的核心竞争力：制造流程的财务控制和资本配置理论。由此出发，通用汽车公司发明了现代成本会计和第一套合理的资本配置程序。

第三，事业理论必须为整个组织内的成员所知晓和理解。这一要求在组织的创建阶段比较容易实现。此后，随着组织的日渐成功，它越来越倾向于将自己的理论视为当然，而对这一理论本身的反思却越来越少。整个组织养成了得过且过的风气，凡事只求能够走捷径；考虑问题只是从是否有利于自己出发，而不再以是非为依据。这个组织开始停止思考，停止向自己提出问题。它记住了答案却忘记了问题。事业理论变成了"文化"。"文化"是不能代替规则的，而事业理论恰恰就是一种规则。

第四，事业理论必须不断经受检验。事业理论不是刻在石板上供人顶礼膜拜的，它只是一个假说，是一个试图解释持续变化的事物——社会、市场、顾客和技术的假说。因此，任何一个事业理论必须具有自我革新的能力。

中国企业正面临着加入世贸组织带来的挑战，许多企业企盼着手持"魔杖"的天才管理者能降临自己的企业，以为他们具有"点石成金"的"魔法"。一些企业领导人太关注企业面临的一般性经营问题，迫切需要一些操作层面上的工具，即："如何培养团队精神？"、"如何编制预算？"，等等，而很少谈到企业外部环境的变化、使命、核心竞争力。关注和解决企业的一般性经营问题固然是管理者的职责，但是如果管理者仅仅从企业经营运作的层面上，而不能从"事业理论"的高度上来审视自己的企业，其结果只能是解决问题，而非发现机遇。他只能在修修补补的困境中度日。难怪有这样一种说法：三流的经理在解决昨天的问题，二流的经理在忙着今天的事，一流的经理在策划明天的梦想。

请记住德鲁克的告诫："任何组织要想取得成功，就必须要拥有一套自己的事业理论。"首先，扫描企业所处的外部环境，确定企业的使命和其核心竞争力。如果您的企业已经获得成功，应当居安思危，未雨绸缪，引入新的事业理论；如果您的企业面临着挑战，应当设计出一套清晰、有效的事业理论。一个没有事业理论的企业是一个没有灵魂的企业，而没有灵魂的企业是难以胜出的企业。

请记住西点军校的事业理论，建立共同的价值观，营造强大的核心竞争力。

造就高尚人格

法则的保障

西点的品格素质训练，一如我们领导训练的其他层面一样，也是从规定开始的。这些未来的领袖人才，一入学就必须先领会荣誉守则是他们在学校里最重要的一件事。荣誉守则非常简短、温和而直接："西点学员绝不说谎、欺骗或偷窃，也不容忍他人有如此行为。"荣誉的信念在守则中一览无遗。

西点的荣誉守则严格地规范个人言行。西点所有的领导课程，莫不以此为根本。

三段式训练

西点的做法，第一步是郑重地看待荣誉守则。荣誉守则是在新生开学典礼中正式向学员介绍，而不是放在学员手册里让他们自己去看，或在平时训话中告诉学员。在介绍荣誉守则的时候，学校也会清清楚楚地让学员知道，违反荣誉守则最重的处罚是开除而且绝不宽恕。

这是西点学员道德成长的三个阶段中所经历的第一个阶段。这三个阶段与柯伯格在《道德发展心理学》(The Psychology of Moral Development)一书中所提出的发展阶段大抵相符。这三个阶段，是让学员从基于个人利害而遵从道德原则，成长到更高的层次，这也是有品格的领导人极为重要的特质——能够遵从自己的良知和价值观，做出合乎道德的决定。事实上并没有什么神奇的仪式能够让学员从一个阶段成长到另一个阶段，但是我们尽可能从言传身教中让学员亲自体验，从课堂讨论中帮助他们反躬自省。

在只求一己利害的第一阶段，遵守荣誉守则是为了自保；如果不遵守，就只好滚蛋。不过学员终究会体悟到，归属于一个人人都遵守荣誉守则的团体，确实是莫大的快乐和无比的自豪。第二阶段是社会接触的阶段，遵守道德戒律是因为满意遵守戒律所得的结果，而不仅是逃避惩罚。能够信任别人是更合乎人性的生活方式。

最后是自觉自发的阶段。经由独立的思考，你会慢慢开始相信，一个人如果没有道德规范，一生就虚度了。这样的认知，也许要到毕业之后才会体悟；而事实上，有些人终其一生也未能到达这个阶段的独立思考。但如果我们在年轻时候就学会了道德规范，同时养成遵守道德的意志力，那么年长之后也更可能达到道德的判断力和独立自发的实践。

西点介绍过荣誉守则之后，就开始教导学员言行要一致，让学员知道他们所说的每一句话，就跟他们所做的每一件事一样重要，因为事实的确如此。学习言行一致，几乎就像学习一种新的语言。我们大多数人都学会了渲染、文饰甚至扭曲事实，或是规避事实。诗人拜伦曾说："我们对自己所说的谎，甚于对其他任何人所说的谎。"我们之所以如此强调言语的重要性，是因为对领导人而言，语言是行动的媒介。西点的训练也让我们谨记：承诺必须信守，每一个要求都必须有所回应，言出而不行即是一种失败。

个人品格的严格要求

西点军校要求学员都应信守美国陆军军官的职业道德。他们必须讲究礼貌，遇事冷静，处事谨慎，不能参与任何违反《军事审判统一法典》、州法律或联邦法律的事。学员无论在什么时候，无论在西点内还是西点外，都应该使自己的一言一行为自己、为西点和整个陆军的声誉增添光彩。军官肩负着保卫民众生命财产和国家安危的重任。因此，在履行这一神圣使命时，他们应该表现出高尚的道德品质。

西点要求学员要有良好的个人品德，这是当学员时或成为军官后，在下级、同事和上级心目中树立自己良好形象的基础。美国陆军军官的个人品德，是使美国公民确信哪里有陆军哪里就有安全的根本原因。西点学员的个人品德，更是他们学有所成、按时毕业、获得好评的保障。

西点对个人品质的要求很高，它要求学员能够严于律己，认清正确的道路，并沿着它走下去。他们在做出决定或选择前，首先要搜集和分析各种事实，使自己的行为变得公正合理，甚至被人视为典范。他们做出的任何决定都应当客观公正，不从个人好恶出发，不图私利，不掺杂情感因素。如果犯了错误，他们应勇于正视，主动承担责任，不可推诿。如果荣誉应属于别人，就不要去争，要有气度和胸怀。如果需要发表意见，就必须找到相关资料先作分析，谈真实意见，讲出肺腑之言，并且说到做到，不打诳语。一句话，西点人办事应当光明磊落，问心无愧。

个人品德之外，是行为品德要求。它是指在力所能及的情况下，尽最大的努力去完成任务。行为代表着人的品德轨迹，是锻造个人形象的现实条件。西点认为，和其他行业一样，军事活动中的某些任务可能更有趣、更有利可图、更令人感到愉快。一个人不管接受什么任务，选择什么工作，都要十分清楚，你的形象是通过你的行为建立起来的。如果你想树立完美的形象，高举道德的旗帜，你就必须圆满完成每项任务，高效优质地做好每项工作，这是锻造个人形象的根本。

西点的领导者指出，上述目标并非高不可攀，每个学员都要面对这些目标认真考虑，想一想实现目标的重要性，想一想这些目标可能对其终生带来的利益。学员要成为军官，军官也是领导者；作为领导者应该也必须赢得别人的尊敬，得到别人全心全意的合作，才有可能完成肩负的使命。军校长官继续指出：你的工作必须尽快见效，不仅要在下周或下个月见效，还要在今天或明天见效。因为可以推断，你极可能有一天被迫做出胜败、生死攸关的决定，或采取胜败、生死攸关的行动。作为军官队伍中的一员，将来你也许会发现，"你必须做出关系民族存亡、民众安危的决定。对民族的生存和安全来说，每个军官的个人品德和行为品德都是至关重要的。"

道德的光辉

在西点，人们一直对那些德行高尚的校友推崇备至。在称得上美国民族英雄的西点名将中，麦克阿瑟是军事上最具天才的人物，但他政治上却不甚得意。而这并不妨碍他对祖国的忠诚，并不妨碍他高唱祖国赞歌。他对西点学员曾说过下面这些话：

"你们终生要以军旅为家——要一心想着胜利。在战争中，你们必须知道是没有任何东西能代替胜利的，如果战败了，我们整个国家就会灭亡。在你们的使命中，必须牢记责任、荣誉、国家。那些能挑起争论的国际国内问题让别人去喋喋不休地辩论吧，那将使人不知所云，无所适从，但你们要沉着、冷静、清醒，坚守在自己的岗位上，你们是国家防范侵略的卫士。在国际冲突的惊涛骇浪中，你们是国家的救生员；在战争的竞技场上，你们是国家的斗士。在一个半世纪的漫长岁月中，你们日夜戒备，英勇御敌，保卫了国家解放、自由、正义和公平的神圣传统。让公众去争论政府的功与过吧。让他们去争论连年的财政赤字，联邦政府日益增长的家长作风，各种权力机构变得十分傲慢，社会道德水准降得太低，各种税收增长得太高，过激分子变得更加肆无忌惮，等等。这是否削弱了我们国家的力量，伤了国家的元气！让他们去争论个人自由是否已经达到了应有的彻底和完整。这些重大的国家问题不是靠你们职业军人或军队来解决的。你们的座右铭就像茫茫黑夜中光芒万丈的灯塔：那就是责任、荣誉、国家。"

道德可以照亮世界。高尚品格是安身立业之本。不管出于什么目的，西点在这方面的要求始终如一，也深受社会、国家和杰出人物的赞扬。

西点具有优越感的本质在于它认为西点向毕业生灌输的道德哲理和品性是他们在别处无法得到的。1971年，路易斯维尔在由肯塔基州西点协会主持的创办人纪念日集会上，画家雷·哈姆献给西点军校一幅油画，这幅画似乎象征着西点校友与社会的关系。在湛蓝色天空的陪衬下，一只美国鹰展开雄健的双翅，爪上抓着一根死树的枯枝。右角有个小小的金色的西点饰章，标志着此画是西点军校批准认可的。现在这幅画的复制品悬挂在许多军官家中和军校的办公室里。这只鹰和它所象征的东西——西点军校——被认为是这个社会的力量之所在。马修·李奇微将军在集会上讲了话，他说："从塞耶创办军校开始到现在，西点一直是高标准品德取之不尽、用之不竭的源泉。它通过它的毕业生们把这种品德灌输到整个军官团，再通过他们传给军士们。我知道，这种高标准的道德力量是没有任何东西可以代替的，绝对不能对社会上的低标准让步，绝不能有损于这一道德规范。"

1971年西点创办人纪念日集会，在世界各地共举行了100多场次。西点校友会主席保罗·W·汤普森也发表了总结西点也总结自己一生的讲话：

"任何一个人，当他仔细思考军校领袖们必须准备好承担的责任时，可以看出事情的核心和重点并不是教育技术和训练(相对而言，这一切都可以看做是理所应当的事)，而关键的是品格。肩挑重任的人都必须具有特殊的气质，才能挑得起这个担子。他的学业可以上下浮沉，但却不能失去这种品格和气质。细细考虑这种品格和特殊气质的养成，人们不禁要回想起西点的那些戒律——那些戒律同培养品格息息相关，同书本学习的关系却只是偶然性的。确实如此！在这里，我引用一位伟大的诗人和名将的话：今后，在其他场合，这些戒律将带来胜利——可能是在关键性的情况下带来胜利。"

西点的感召使许多青年都把进入西点作为自己的最高理想，并且为此不遗余力。泰勒将军从14岁开始就对西点着迷，视军人生涯为崇高的事业、为建功立业的最佳途径。中学毕业后，他不顾父亲的阻拦，一定要考入西点军校。由于西点军校入学考试对数学和其他理工科成绩要求严格，而他这方面又有差距，因此，他出人意料地考入堪萨斯市工业学院，目的是使他的数学、物理成绩达到报考西点的要求。翅膀练硬后，他惟恐考不上西点，同时报考了西点军校和安纳波利斯海军学校，结果考取西点，泰勒终于圆了将军梦。

泰勒是通过他的外祖父——南北战争期间服役于南部联邦军队的老兵，开始着迷西点的。外祖父告诉泰勒，要成为伟大人物，要成为伟大的军人，就要像罗伯特·李和杰克逊那样工作和战斗。而成为他们的第一步是考入西点军校，因为这两位伟大的军人生涯都是从西点军校起步的。

与泰勒略有不同，海湾战争中的总司令施瓦茨科普夫是在父亲的熏陶下进入西点的。他的父亲是西点毕业生，深知西点是"造就高尚人格"的基地，是令人获得自豪并"创造人生奇迹"的起点。由于父亲任驻德美军最高长官，施瓦茨科普夫难以得到国会议员的推荐。父子俩反复研究，给近30位议员写信联系，请他们推荐一个绝不会给他们丢脸的学员。在此期间，父子俩还研究了许多可能进入西点的途径，并做了极为充分的准备。终于，施瓦茨科普夫如愿以偿。

广大有志青年把人生目标首先定位于西点，由此可见西点的分量。有些人如愿走进西点受训，必然带着自豪之心、骄傲之情。而这种情感如果不是盲目的，而是含有理智的成分，那它就是了不起的精神动力。先是斯巴达式的训练，艰苦的、几乎难以忍受的"兽营"式的训练，然后是雅典式的灌输，高质量、高水平、高智能的灌输，身心智力比翼齐飞。如此，一个西点军校的标准军官产生了。

荣誉意味着责任

在西点，人们必须用荣誉体系来规范自身的一言一行。西点人把荣誉和责任看做是立身之本。荣誉体系的主要目的是保证4000名身强力壮、雄心勃勃的年轻人，严格按照西点的规章制度和道德行为规范来约束自己。值得一提的是，学校特别关注夜晚，因为这时没有集体活动，学员可能溜出营区，沉溺于校外的邪恶和堕落之中，他们可能会在伟大的美国公众面前出洋相。制度规定，天黑以后，学员只能到指定的健康的地方。荣誉制度保证它得以贯彻实施。

由值星学员监督执行的规章和荣誉的复杂混合物被用来保证学员晚上留在自己的房间里。非常有意思的是，任何学员如果在学习日晚上被发现跑到自己的房间以外，他就会被问："不错吗？"如果他肯定地回答"不错"，这个"不错"具有广泛的含义，美国军校学员训练队章程规定，学员在自己房间以外回答"不错",表示"他要去或已经去过的地方是经过批准的,没有胡乱跑到其他地方;还表示他已遵守或将遵守有关各种限制的规章。"学员有义务要说真话。如果他撒谎,或者不能回答"不错",那么他将受到禁闭、罚走,甚至开除的处分。

而且利用荣誉制度来强制推行难以贯彻的规章制度的方法还很多,千奇百怪,不可胜数。比如,美国军事学员训练团章程的某些内容便说明了学员签名的多种含义:"当学员利用本章程给予的权利,在连请假登记簿上签名时,则表示他是被批准享受此权利的,并将遵守有关限制的规定,同时也保证申报的每个事项都属实。"

除了规章制度外,荣誉制度同整个学校体系紧密相关,成为学校体系不可分割的一部分。教学过程的标准化要求对在不同时间学习同一门课的学员进行类似的日常考试。英语教官以两天时间给4个班讲同样的课,星期一他对头两个班进行相同的"笔试",而星期二又对另外两个班进行类似的"笔试"。为了保持荣誉,学员不可以问考过的人有关笔试的任何内容,连考试的答题形式和难易程度都不能打听,如果稍有违反便是触犯荣誉准则。

另外,考试的时候,也没有始终守在教室里的监考人员。荣誉准则保证学员们诚实地独立做完试题。荣誉法规还规定,撰写论文时,学员的笔一触到纸,便不能再同其他学员磋商交谈。美国军事学员训练团章程里就这一点规定得非常具体:除非系里另有规定,学员一旦着手书写,便不许再进行讨论。荣誉法规则要求得更严格。学员上交课外作业即意味着声明"作文手稿,包括书写、打字、草图以及各种标志符号等,全都是学员自己的作品"。学员完全同他的伙伴们隔离开来了。他不能、不许问他的同学某一个字如何拼写，也不能同他的朋友交换自己的看法、构思或反应——而在大多数院校里，这种启发智力、开拓思路的做法是受到鼓励的。

学员生活在荣誉、章程和各种规则编织成的纷繁复杂的大网里，就必须适应并服从学校当局为他们定下的各种规矩，像学校训令里讲的那样：时刻扪心自问"自己的行动是否与学员荣誉法规的原则相一致"。每周六个学习日的晚上，从7：50分至第二天早晨起床号，制度在各个方面都发挥着作用。在这段时间里，学员应当做他们应做的事，或至少应留在他们该待的地方：在自己的寝室里、听讲座、上图书馆，或获准上厕所。当"周末特权"生效时，学员可以略微自由些，到较多的地方去，但这些地方也是经过批准的。营房的门窗上没有铁栏，过道里也没有武装警卫。荣誉规章就是铁栏和警卫，牢笼就建立在每一个学员的头脑中。

言行一致的严格要求

西点认为说谎是最大的罪恶。西点曾对说谎问题作了如下规定：

学员的每句话都应当是确切无疑的。他们的口头或书面陈述必须保持真实性。故意欺骗或哄骗的口头或书面陈述都是违背《荣誉准则》的。信誉与诚实紧密相关，学员必须赢得信誉。

作为一个领导者，不诚实和言行不一是一个极大的缺点。对内，这样的领导者会丧失威信，难以服众；对外，别人会对其所代表的团体大打问号，因而难以共事或合作。

西点对诚实十分重视，绝对不允许说谎，我们从西点对学员有关诚实，不说谎的规定中就会领会到诚实的极端重要性。

西点认为：个人签名或从姓名起首字母肯定了一种书面信息。学员在文件上签名就正式表明：就他所知，文件是真实的、准确的，否则就不会签上高贵的名字。

每个人不仅对自己的行为负责，也要对别人的行为负责。这是西点经常对学员提出的要求。因此，学员要常以口头或书面陈述的方式来表明他履行各种义务的情况。不论是口头或是书面的报告，都必须是最完整、最准确的正式陈述。学员要保证报告在呈递前后的正确性。列队报告时，组织者只有确认缺席学员是得到批准时，才能认为这个学员的缺席有正当的理由。假如报告上交了，后来又发现其中有不准确之处，必须尽早报告新的情况。

西点规定：具有特权和执行公务的学员在连队外出登记簿上的签名表明：该学员使用的特权已获批准，或者身负公务并将履行公务。

西点认为：一个人应不单单在军队中诚实可靠，在任何其他环境中也应保持这种品格。

西点有一系列的荣誉课程，让学员明白在日常生活中如何遵守荣誉守则，如何从最基本的地方做起：绝不可说谎。不过说谎不同于错误，差别就在于有没有故意。

例如，一个新生走在走廊上，突然碰到学长问他："你早上有没有刮胡子？"问题来得太过突然，但是他知道必须立刻回答，于是回答说："报告学长，刮了。"

但是事实上，他想起的是前一天刮胡子的情景：十八岁的青年并不需要天天刮胡子；然而他所犯的错并不是存心欺骗，所以不叫说谎。尽管他并没有真的违反荣誉守则，学长和其他军官还是会希望他事后能够承认自己弄错了。勇于认错，知错能改，才是真正的修养。

这样一点小小的无心之过，根本没有欺骗之心，何必如此小题大作呢？原因就在于如果一个人无须面对自己的错误，无须为自己的错误负责，将来就更有可能故意说错，也就是说谎，而且会自圆其说，并认为这样做理所当然。

下面的例子对错就比较明显了。如果考试的时候监考老师说了"停笔"，学员还继续作答，那就是违反了荣誉守则，这在西点军校视同作弊。学员一听到停笔的命令，立刻把笔放下，已经变成了条件反射。所以，假设一个学员听到命令之后却继续作答，他就必须站出来承认自己的所作所为，其他同学看到他继续作答，也必须提出检举。

西点会严惩过错，但也会区别有心和无心之过。蓄意、故意的行为，不同于无心的行为，谎话也不同于过错。如果无心之过也要以退学处分，那就是失之严苛、毫无意义了，并且会使犯错的人毫无改过从善的机会。然而一个人还是必须为自己的行为负完全的责任，不管是说谎还是过失，都要受到惩戒，只不过说谎要比过失严重得多。

再以跟同学借用东西为例。西点军校里，所有的门都没有上锁，所以如果学员需要什么东西，譬如说一本书，可能到别的同学房里借用一下。如果房间没有人在，借用的人至少要留张字条，说明他把书借走了。但是有时候因为赶时间，借用的同学可能把东西拿了就走，忘记留下字条。只要他确实打算用后就归还，这样的行为就算是判断上的严重过失，但不能算偷窃，因此也就不是违反荣誉守则。同样的，这件事如果经人检举，也要记过、处罚。

当然，西点对于违反荣誉守则的行为，会给予最严厉的处罚。学校会召开荣誉听证会，就像法庭的审判一样，有关违规行为的正反证据，都在听证会上列举，最后由荣誉委员会共同判决。如果判决结果是确实违反了荣誉守则,违规学员就必须退学。曾经有一位同学同时违反荣誉守则的两项规定而在听证会上接受调查。他被控拷贝另一位同学电脑上的程序,改了档案名称和一些细节后充当自己的设计交给老师。最后他被判欺骗(抄袭他人作品)以及说谎而遭到退学。

大多数的学员都表示,遵守荣誉守则的前三项要求没有问题,也就是终生不说谎、不欺骗、不偷窃,但是第四项要求——不得容忍他人的说谎、欺骗或偷窃,往往会引起道德上的冲突。

我们很多人从小到大都信守一个原则:做人不可以告密、出卖朋友。就一定程度而言,西点的训练也是在加强这个观念。学员接受的教导是,每一个人都应该尽力帮助彼此渡过难关,就像部队里要求指挥官照顾手下的每一个士兵一样。但是西点仍然坚持所有的学员都必须遵守荣誉守则。这就表示,学员有时候会面临一些为难的情况,必须把学校的价值观置于个人感情和私交之上。

如果西点不要求这第四项规定,就不可能建立起表现优异的机构。小团队关系过于密切的危险,在于成员对小团队的认同有时会超过对机构本身的认同,这个"大我"反而变成了学员的私人团伙。西点荣誉守则第四条的重要性,就在于强调整个机构的价值观比个人对同僚的忠心更加重要。

双重忠诚

强大的机构,其力量都来自于根深蒂固的价值观,都是借由共同的价值体系去团结个人而成为整体的。个人崇拜型的领导,例如深具领袖魅力的主管,绝不可能像植根于共同价值观的领导那样坚强有力。如果一位同学违反了荣誉守则,他就是破坏了所有成员以及整个机构的根基和目标。如果西点听任学员容许别人说谎,而不要求确实做到荣誉守则的四条规定，那就等于是把容忍提升为最高的价值。但是我们教给学员的是：任何人的说谎、欺骗、盗窃行为是每一个人都绝对不能容忍的。

荣誉课程最终是教导学员不仅认同同僚，更重要的是认同光荣机构的共同价值观。能够认同"大我"，而不仅是一己小我，有助于个人随时不忘团体的共同利益。学员借此得以不断拓展自我，重新评估自己的定位、在团队中的角色，以及在"大我"中的角色。其忠诚不仅是针对一己的技能，或是所属的一班、一排，而且是针对整个西点军校，以及西点所代表的价值体系。这可以称为双重的忠诚。

学不会服从也就学不会领导

不论在任何机构，领导者的权力都是有其极限的。领导者的地位再高，还是必须向另一个更高的权威负责。

在西点，一个根深蒂固的观念是：学不会服从也就学不会领导。

将服从训练成习惯，就会水到渠成地走向成功。

服从，行动的第一步

每一个军人必须服从上司的指挥，每一位员工必须服从上级的安排。同样，每一位领导人也都必须服从。不论在任何机构，领导者的权力都是有其极限的。领导者的地位再高，还是必须向另一个更高的权威负责。美国参谋长联席会议主席必须向三军总司令，也就是美国总统负责，而总统则必须向国会及全体国民负责；即使是跨国企业的总裁，仍然得向董事会、股东和消费者负责。领导者的成败，有很多地方就取决于有没有学会服从的角色。

处在服从的角色上，就要遵照指示做事。服从的人必须暂时放弃个人的独立自主，全心全意去遵循所属机构的价值观念。西点的每一分子，对于个人的权威止于何处，团体的权威又始于何处，都会有清楚的认识。一个人在学习服从的过程中，对其机构的价值观念、运作方式，都会有更透彻的了解。对西点人来说，服从是自制的一种形式。西点要求每一个学员都去深刻体验：身为一个伟大机构的一分子——即使是很小的一分子，具有什么样的意义。服从是能够有此认识的第一步，而且服从需要个人相当大的努力，特别是对一向珍惜个人自由的人，他们就要付出更大的代价。

这一认识，是从严格的服从训练中一点一滴摸索得来的。对于意气风发、志得意满的新生，更是艰难的一课，然而这正是他们学习领导能力的第一课。

从零开始——服从之母

在西点精英训练营中，服从被确认为领导之母，从零开始又是服从之母：明白自己不懂的地方有多少，将自己贬到最低点，而后再重塑一个新的自己。这一点非常重要，因为领导才能不是与生俱来的，而是靠后天养成的。很多原始部落都有青少年迈入成人的成年礼，这一礼节让他们在森林中独处数昼夜，面对自己的恐惧和无知，犹如重生一般。在西点，同样坚持新生必须一切从零开始的原则。

西点制定了严格的纪律，用来规范学员的一言一行。严格的纪律起了过滤器的作用，它可以把一些不合格的新学员滤出去，淘汰掉；它也可将一个普通学员转变成为一名军校的学员。新学员得到的教导是按照西点军校独一无二的教育标准来衡量自己、要求自己。西点军校特别强调严格而又公正地执行纪律，自觉地服从命令。学员两眼一睁便受到完全的控制。他们白天所做的每一项活动都受到仔细严格地监督。一旦这种训练成功地得以实施，其结果便出现一个面貌一新的团队。这个团队的成员受到了恰当的初步训练，达到了西点军校所规定的标准。他们都为变成学员团的一员而感到自豪，并准备时刻坚持西点军校的习惯做法和光荣传统。

通过下面这段有趣又令人难以理解的对话，可以窥见高年级学员的绝对权威和一年级学员的极端服从。对话发生在餐厅里，一位高年级学员心血来潮，马上命令新学员琼斯背诵《新学员须知》中的某些内容。

"嗯，琼斯先生，现在背诵皮革的定义，笨蛋。"

"如果将动物新鲜皮漂洗干净，刮去毛、脂肪和一切杂物，浸泡在稀释的鞣酸液中，便会产生化学反应，皮的胶状组织便变成不易腐败、不透水、不溶于水的物质，这就是皮革，先生。"

"笨蛋，我不喜欢你的声调，细声细气的，简直像个女孩子。现在大声讲话，要像个军人样子。不过，你比谁强？……笨蛋，不要在那里呆坐，你比谁强？"

"先生，我强过校长的狗、校长的猫、食堂招待员、军乐队、空军的将军和整个该死的海军的全部海军上将。先生。"

"你又说错了。你这个讨厌的家伙，一句话里能说几个先生？"

"一个，先生！"

"你想自作聪明吗？笨蛋！"

"不，先生！"

"吃！"

这个一年级新生立刻伸手去拿为了顺利执行这个命令而预先放在盘子上的一小块面包，塞进嘴里。

"不够快。笨蛋，坐直！再做一次，你在听吗？"

"是，先生！"

"吃！"

类似的情况不胜枚举。高年级学员的眼睛从来没有离开过新生。"笨蛋，你的皮鞋擦过了吗？""笨蛋，把领口系好！""傻瓜，你的鞋带松了！"一年级新生不得不接受"笨蛋"、"傻瓜"之类的名词来暂时代替自己的名字。

对于高年级学员的行为和新学员的遭遇，西点军校有自己的解释："这是为了人为地制造出一个紧张环境，它能促进学员的社会化和均等化，帮助那些不善于适应环境的学员同周围人协调一致起来，并为高年级的学员提供学习指导经验的机会。"

在西点军校，即使是立场最自由的旁观者，都相信一个观念，那就是"不管叫你做什么都照做不误"，这样的观念对训练服从有莫大的帮助。

背上有痒不能抓，这能够有什么好处呢？西点学员知道，军人就是要连背痒都能忍得住。如果一支部队里的士兵都在左摇右晃拼命抓痒，还能称得上是训练有素的部队吗？

其实这一切都不是要找新生麻烦，给他们苦头吃；严格地要求服从，也绝不是为了有系统地羞辱新生。训练新生学习服从权威，但并不是打击他们的士气。相反的，正因为他们通过所有困难的考验，他们的自信、自尊和自律也都会随之增强。

将服从看成一种美德

服从，在西点人的观念中是一种美德。对西点人来讲，对当权者的服从是百分之百的正确，因为他们认为，西点军校所造就的人才是从事战争的人，这种人要执行作战命令，要带领士兵向设有坚固防御之敌进攻，没有服从就不会有胜利。商场如战场，因此西点精英训练营也持同样的看法并一直身体力行着。

为了培养服从意识，西点军校教育每个学员切忌避免"对总统、国会或自己的直接上司作任何贬低的评论"。西点甚至从经验的角度告诫学员，要"多烧香磕头，少惹事生非"，这是军人品格中"光辉的一面"。西点教诲学员，"不要上送那种不受上司欢迎的文件和报告，更不要发表使上司讨厌的言论"。"如果摸不准自己上送的报告或发表的讲话是否符合上司口味，可以事先征求一下上司的意见"。西点军校还教育学员养成一个"公务员"的性格，坚信当权者是完美无缺的人，是有识之士，对当权者不要有任何猜疑。这一做人原则是西点的传统美德。威廉·拉尼德对此做了非常生动的描述："上司的命令，好似大炮发射出的炮弹，在命令面前你无理可言，必须绝对服从。"一位西点上校讲得更为精彩："我们不过是枪里的一颗子弹，枪就是美国整个社会，枪的扳机由总统和国会来扣动，是他们发射我们。他们决定我们打谁就打谁。"曾有人说，黑格将军所以被尼克松看中，就是因为他的服从精神和严守纪律的品格。需要发表意见的时候，坦而言之，尽其所能。当上司决定了什么事情，就要坚决服从，努力执行，绝不表现自己的小聪明。这就是西点对学员的训诫和要求。

当然，这样的训诫和要求是从军事指挥的角度来制定的，它对要求服从的效果是非常有成效的，对于企业管理中指挥系统的顺畅和执行也是非常有价值的。至于群策群力、团结协作、最大程度地发挥每一个成员的聪明才智这些管理中的问题，西点精英训练营中也有独特的、行之有效的原则和手段。

有人认为荣誉法则的主要目的是保证难以贯彻的规章制度得以贯彻执行。它被用来驾驭4000名雄心勃勃、年富力强的年轻人。这4000名年轻人的本性必须受到控制，否则，学校的形象便会彻底毁灭。

有人认为，制度的绝对性使学员们难以区分无足轻重和举足轻重的道德问题，因为从他们的观念出发，在遵守规章制度方面重要的是形式，而不是内容。比如说某一个学员星期六晚外出，回营晚了一分钟，不得不于凌晨1：05报到销假，这样他便会记过7分。他的纪律记录可能很好，这个"过"对他来说没什么。但也有可能他本来可以离开西点去过周末，好好享受一番，却被这7分冲掉了。更有甚者，这7分也可能使他超过一个许可的过错定量，从而使他被学校开除。在西点校史记录中，有因超时一分钟而被学校开除的例子。因为他年度内允许过错的定量达到了极限，必须被纪律制裁。

西点纪律的严格或严厉人所共知，而且花样甚多，令人头晕目眩。对高年级学员来说，一个月中如被记过9次，就意味着失去享受周末的权利。如被记过超过每月的最高限额——13次，则每超过1次就将受罚，至少要在空地上走1个小时，一般要扛着步枪不停地走1小时。处罚的手段还有"普通禁闭"和"特别禁闭"。"普通禁闭"是对正在参加校际运动会的运动员采取的，是用来代替罚走的一种惩罚，受到普通禁闭的学员在正常享受特权的时间内必须留在自己的寝室里。"特别禁闭"用于那些被军校官员认为犯有特别严重过错的学员。

服从是军人的天职

巴顿可以说是美国个性最强的四星上将，但他在纪律问题上，对上司的服从上，态度毫不含糊。他深知，军队的纪律比任何纪律都重要，军人的服从是职业的客观要求。他认为："纪律是保持部队战斗力的重要因素，也是士兵们发挥最大潜力的基本保障。所以，纪律应该是根深蒂固的，它甚至比战斗的激烈程度和死亡的可怕性质还要强烈。""纪律只有一种，这就是完善的纪律。假如你不执行和维护纪律，你就是潜在的杀人犯。"巴顿如此认识纪律，也如此执行纪律，并要求部属必须如此，这是他成就事业的重要因素之一。

被人认为有些粗鲁的巴顿并不是强硬的命令者。他从不满足于运筹帷幄和发号施令，经常深入基层和前线考察，听取部属意见，而且身先士卒，让部队感受到统帅就在他们中间，从而愿意听从他的命令，愿意服从他的指挥。

西点灌输服从思想、强化服从观念是分层次的。对于刚刚入学的学员，实施强化服从教育。一年级学员不仅要服从长官、服从纪律、服从各项制度，还要服从高年级同学，甚至包括服从高年级同学莫名其妙的责难。西点认为，军人职业必须以服从为第一要义，尤其是初级职务军官，学不会服从，不养成服从观念，就无法在军队立足。可是我们知道并不是所有上司的指令都千真万确，上司也会犯错误。但上司的地位、责任使他有权发号施令，上司的权威，整体的利益，又不允许部属抗令而行。因此，服从观念要在"官之初"就打下深深烙印，忍受不了服从——这种军人的特殊的美德，那么就请走人。

四个标准答案

西点有一个由来已久的传统，不管什么时候遇到学长或军官问话，新生只能有四种回答。除了四个"标准答案"之外，如果有任何额外的字句，长官立刻会问："你的四个回答是什么？"这个时候新生只能回答："报告长官，是；报告长官，不是；报告长官，没有任何借口；报告长官，我不知道。"除此之外，不能多说一个字。新生可能会觉得这个制度不尽公平。例如，学长问你："你的鞋子这样算干净吗？"你当然希望为自己辩解，脑中浮现出"报告学长，排队的时候有位同学不小心踩到了我。"这样的回答。但是想归想，最终你只能有四种回答，而别无其他选择。

这个情况下你也许只能说："报告学长，不是。"如果学长再问为什么，唯一的适当回答只有："报告学长，没有任何借口。"这是要新生学习如何忍受不公平。人生并不是永远公平的。他们开始了解到，无论遭遇什么样的环境，都必须恪尽职守。现在他们只是军校学员，恪尽职守可能只做到服装仪容的要求，但是日后，他们肩负的却是自己和其他人的生死存亡。

讲话的习惯

西点这样训练学员的讲话习惯，不只是为他们个人，更是因为学员的成功或失败，决定于他们是否完全了解长官所下达的命令和要求。听完所有的简报、讲解，做过该做的练习之后，接下来的责任完全落在学员身上。我们派学员去做一件事，是期望他圆满完成任务；我们"预期"学员要成功，这就是重点所在；表现不达到十全十美，是"没有任何借口"的。

坚持如上的原则，严格地付诸实施就能够激发学员无比大的毅力，产生最好的效果。毕业于西点的莱瑞·杜尼松在第一次奉派外地服役的时候，就有一次这样的体验。有一天连长派他到营部去，交代给他七件任务：有些人要见，有些事要请示上级，还有些东西要申请，包括地图和醋酸盐(当时醋酸盐严重缺货)。杜尼松下定决心把七件任务都完成，但是他并没有把握要怎么去做。果然事情并不顺利，问题就出在醋酸盐上。他滔滔不绝地向负责补给的中士说明理由，希望他从仅有的存货中拨一点。杜尼松一直缠着他，到最后不知道是被杜尼松说服了，相信要醋酸盐确实有重要的用途，还是眼看没有其他办法能够摆脱杜尼松，中士终于给了他一些醋酸盐。

杜尼松回去向连长覆命的时候，连长并没有多说话，但是显然他很意外杜尼松竟然把七件任务都办到了。他没有预期到杜尼松会成功，但是杜尼松心里根本就没有过失败的念头。这就是西点所要求的绝对服从。在有限的时间内，我们没有时间为做不好的事情找借口，没有时间文过饰非，任何人都应该把握每一分、每一秒抓紧时间去完成任务。

这个例子是"报告长官，没有任何借口"的延伸。西点的训练让学员明白，长官只要结果，而不是要为什么没有完成任务的解释。这是为了让每一位学员懂得：失误是没有任何借口的。

在生活中，我们经常会听到一些借口。上班迟到了，会有"路上堵车"、"手表停了"或者"家务事太多"的借口；考试不及格，会有"出题太偏"、"监考太严"、"题量太大"的借口；做生意赔了本会有借口，工作落后了也会有借口。只要细心去找，借口总会有的。实在找不到借口，也会说一句只当是交了学费的话，从而把应该自己承担的责任推卸掉，他本人不再是想方设法去争取成功，而是把大量的时间和精力放在如何寻找一个更合适的借口上。

在一次世界性的体育比赛中，中国队以一分之差负于对手，这时，中国队员向自己的教练反映，裁判员有失公正，最后一分应该属于我们。谁知，教练静静地听完后只说了一句话："对你们来说，失败了是没有任何借口的，你们要做的只是，争取下一次以绝对多的分数超过对手！"

"没有借口"看似冷漠，缺乏人情味儿，但它却可以激发起一个人最大限度的潜力。失败了也罢，做错了也罢，再美妙的借口对事情的改变又有什么用呢？不如仔细地想一想，下一步究竟该怎样去做。《谁动了我的奶酪》一书中嗅嗅和匆匆即是不找借口、及时应变、努力完成任务的好榜样。

企业当中其实普遍存在着有令不行、拒不服从的现象。如果把企业比喻成人体的话，那么高层就是头脑，主要责任是经营决策——做正确的事；中层相当于腰杆，主要的责任是执行——正确地做事；而一线基层则相当于双腿，责任是操作——迅速完成任务，把事情做正确。很显然，企业如果缺乏服从执行力度，就不会有高的效率，就赶不上竞争对手，甚至有被淘汰出局的危险。

造成企业执行力度不强，固然有管理能力的原因，这是需要对干部层进行管理能力培养的。但根本性的原因可能是服从的问题。换句话来说，是干部层没有真正摆正自己的服从者角色。我们姑且把服从者的角色比喻为"职业杀手"，上面做出了决定，就应该不折不扣地完成任务。但更多的情况是：老总命令把某个目标"杀"了，服从者的回答往往是："找不到人啊，下不了手啊，不会用枪啊，没有子弹啊……"最后，老板急了，你闪开，让我来杀。结果管理的层级没了，授权通道被堵。由此引发恶性循环，服从者也就越发不负责任了。

通过这个例子我们可以清楚地看到，如果应用西点的训练课程，问题就会迎刃而解。这个解药就是"四个标准答案"。

习惯的力量

经常做一件事就会形成习惯，而习惯的力量是难以抗拒的。但是人类还有一种潜藏的缓冲能力，也不容小觑。既然人有可能养成一种习惯，那肯定他也有能力改掉这种习惯。在这里，我们就要把服从变成习惯，从而让服从发挥出更大的威力。

下面是一堂关于习惯的科学文化课程，它将带我们探寻涉及习惯的方方面面。

"动作敏捷或迟缓只是个时间的问题，一个人要么习惯了准时，要么他就会习惯迟到。"一个准时的人，总会体会到这种习惯给他带来的好处，无论是约会、会议，还是什么别的方面的承诺。

对商人来说，准时是一项特别宝贵的资产。俗话说得好，"时间就是金钱"，这句话永远是正确的，现今的时代里，这个原则比以前更加重要。现代企业的步伐是一日千里，分秒必争。主管和高级职员的每日安排都是满满的，因为他们没有多余的时间可以浪费，就像生产线不能停下来一样。

守信对生意人来说，是个难得的品德，最有希望成功的商人和公司，他们一定是准时接受定单，准时回复并交货，提供服务，准时付款，准时还债。

节俭是另外一种可以养成的习惯，对天生节俭的人来说，这个习惯给他带来的成功机会要比别人多。在今天，竞争这么激烈的商业社会里，就算是在很小的地方去节省，积少成多，最后节省出来的东西也是可观的。节俭的结果甚至可能造成赢利和亏本的两种不同局面。

任何刚开始经营事业的商人，最有价值的习惯就是在做出决定之前，都要好好地回顾一下他的推理。这种最后的检查，也许只需要几分钟，甚至几秒钟，但是收获却很大，它可以让人有一个机会来整理自己的思路，回想自己为什么会做出这样的决定。这么一个看起来很简单的过程，实际上非常有用。这就像是世界上那些非常有名的演员，他们在每次登台演出之前，虽然已经对自己扮演的角色很熟悉了，却还是要合上剧本，在心里迅速地把自己的角色重温一遍。

一个想成功的人，必须知道习惯的力量是相当大的。他也必须了解，要养成好习惯，必须一直努力地去做，同时要警惕那些可能会破坏他的好习惯的恶习，还要赶紧养成对自己的追求有帮助的好习惯。

好习惯的回报就是成功

成功学家曼秋诺曾经提出过一项培养好习惯的心理暗示，他要求他的学员对自己说：

今天是我生命的新开始，我要脱去我的旧衣，因为失败早已让它伤痕累累。

今天是我再生的日子，葡萄园是我的出生地，欢迎大家来品尝我的果实。

今天，在这个葡萄园里，从那些最高、结的果实最多的葡萄藤上，我要摘下智慧的果实。因为这些是我职业生涯里最值得尊敬的那些人一代一代地种下来的。

现在，我要品尝这些果实的滋味，我还要吞下每一颗果实的种子，让新生的力量在我的心里发芽。

我选择的这个行业，充满了机会，从来没有失败和失望。而那些已经失败了的人，如果他们像叠罗汉那样叠起来，肯定比金字塔还高。

但是，我是另外一批人里的，我是不会失败的。因为我的手里有方向图，带领我走出扑朔迷离的大海，离开波涛汹涌的海面，来到成功的彼岸。过去的不过是一场梦。

我的奋斗不再以失败告终，因为失败就像是痛苦一样，不适合我的生活。过去，我接受它，那是因为我需要磨炼，现在我拒绝它，是因为我的能力和智慧都有了提高。它们会指引我走出黑暗，走向光明和幸福。在那里，金苹果也不过是我的报酬里的一个小部分而已。

要是人能长生不老，那他就可以学到很多的东西，但是我不能，所以，我学的东西都是有限的。我要学会忍耐的工夫。因为，上帝做事的时候，从来都是按部就班的。创造橄榄树花了他100年的时间，而我不过是一颗小小的洋葱，我曾经像一个洋葱一样卑微地活着，现在我不想过洋葱那样的生活了，我要成为一棵橄榄树。实际上，我一定要成功！

良好的习惯是成功的一半

如果你没有做伟大事业的知识，你也没有经验，而且你还经常处于一种无知的状态，甚至还曾经堕入自怜的深渊。那么，你应该怎么养成良好的习惯呢？事实上，这个答案很简单，只要在你没有知识的前提下，开始你的旅程就行了。因为上帝已经给了你比这个原始森林里的任何其他动物都多的知识和本能，只是人们把自己的经验估计得过高了。

说真的，经验是对教训的总结，但是，要想获得经验，就必须牺牲很多的时间。而且，等人类知道了它的知识的时候，它的价值已经退步了。结果呢？有了丰富的经验，可是人也死了。而且，经验也只是一时的，今天可能很有用的措施，到了明天可能就没有效果了。

只有原则可能永远不变，而这些原则都掌握在你的手里，因为，这些能带你走向伟大之路的原则，都已经写在这里了。它会引导你走向成功，避免失败。

其实，已经失败了的人和已经成功的人唯一不同的地方就在于他们的习惯不同，良好的习惯是成功的钥匙，坏习惯是失败的钥匙。所以，你要遵循的第一个原则，就是养成良好的习惯，并且全心全力去执行。在已经过去了的岁月里，你也有过受感情、环境、偏见、贪婪和习惯支配的时候，而这些暴君里，最坏的就是习惯了。必须将所有的坏习惯都摧毁，准备在新的田地里播种，种下成功的希望。

要想完成这艰难的伟大事业，就要革除你生活上的坏习惯，换成一个能帮助你走向成功的好习惯。

养成了好的习惯又有什么用呢？这里实际上还隐藏着人类本能的秘诀，当你每天都重复这些话的时候，它们很快就会成为你心灵的一部分。而最重要的是，它们还会溜进你的心灵，变成奇妙的源泉，永无止歇，为你创造环境，并做出让你自己都难以相信的事情。

当话语被你的心完全吸收的时候，每天早上，你会带着一种从来没有过的活力从梦里醒来。你觉得自己精力旺盛。你的热情高涨，你迎接新世界的欲望将会让你克服一切恐惧，你会比你想象中过得更快乐。

随后，你发现自己有了应付一切的办法。你惊奇地发现，你能轻松自如地运用这些方法。因为，任何方法只要经过了练习，就是熟能生巧，难的也变成容易的了。

这样一个好习惯就养成了。当一种习惯经常反复地练习而逐渐变得容易的时候，你就会喜欢去做。而你一旦喜欢去做，你就愿意经常去做。这是人的天性。当你经常去做时，这就是你的习惯了。

荣辱与共，生死并肩

团队合作的意义，不仅在于"人多好办事"，它的巨大作用在于团体行动可以达到个人无法独立完成的成就。

共同的目标，不见得随时随地都能够激发每一个成员努力的动机。这时就需要发明一个敌人，或是对敌人重新定义来凝聚团队的精神和力量。

荣辱与共、生死并肩是团队精神训练的有效诉求。

合作以毕业——最初的合作

在西点酸甜苦辣的第一年生活中，新生只有一个共同目标：做一个优秀的服从者，以免受到学长特别的注意：服装仪容经常被纠正，或是被罚背诵新生知识。新生同心协力，决心打败这个共同的"敌人"。诚如新生所说，生存的关键就在于"合作以毕业"；换句话说，有什么事大家要互通消息。例如，新生会互相转告"每日一问"的内容，包括当天上演的电影、当日菜单、距离最近的一些活动还有多少天，等等。这些信息每天都会改变，新生学会在全校的电脑网络上互通声息，节省彼此的时间和力气。如果有谁拿到菜单，把内容输入电脑网络，其他1000名新生就不必统统跑到餐厅去抄菜单了。这就是"合作以毕业"的具体行动。

共同的价值观和共同的目标，尤其是荣誉守则，是团队合作的基础。西点尽力加强学员的团队精神，让他们了解共享一切的重要性。对学员而言，没有个人的私心杂念，只有团队的目标。如果一个新生动作比别人快，提早报到接受服装仪容的检查，扣环、皮鞋都擦得晶亮，新生知识也倒背如流，但是同组的其他人却比他晚到，那么他不仅不会因为个人的表现而获得奖励，更会因为遗弃队友而受训斥，甚至受到处罚。

这就是西点培养团队精神的细致与严谨。

巴克纳营——团队合作训练

经过一段时间的训练之后，新生在日常活动中都会养成彼此帮忙的习惯。在团队生活中，学员体验到团结合作的好处。他们看到在团体中每一个人都会变得更有力量，而不是变得微小或默默无闻。在西点军校，依靠是一件好事，只要你依靠的是跟你一样坚强的人。有些学校的领导训练课程认为屈从于团体的目标会限制个人的发展，因此他们强调独立作业的技巧。西点的训练跟这种态度正好是强烈的对比。

西点在实际的工作环境中，尽量模拟学员将来在战场上可能经历的情景，在此基础上培养他们的团队精神和默契。在西点校区旁边的波波洛本湖岸上，有一个西点的常设营区巴克纳营，里面设备非常简单，学员在这里接受六个星期的密集战地演习，训练的目的就在于让学员充分认识到团队合作的重要性。

新生在巴克纳营的演习之前，已经受过一整年的训练，他们从零开始学习他们应该扮演的角色。经过这一年的密集操练，有些人会觉得自己已经是铜墙铁壁，所向无敌了，在心理上和身体上，他们都熬过了异常艰难的磨练。但是到了暑假的巴克纳营演习，他们才发现西点新生的一年，艰辛实在是无可比拟的。不管是朋友、家人，都无法真正了解他们所经历的一切，只有西点的同学才清楚他们的血汗与苦乐。而最能够激发团队精神的，也莫过于这种独特的共同经历。西点毕业生对学校强烈的认同感，就是以此为基础，这份感情是终身不变的。

团队合作的意义，不仅在于"人多好办事"，还在于团体行动可以达到个人无法独立完成的成就。巴克纳营的演习都经过精心设计，能让每一位学员在演习中体验到团结的力量有多大。我们可以长篇大论地分析团队合作如何增强个人的力量，但是再多的文字描述，也不如在实际行动中亲自体验这股惊人的力量。

巴克纳营的训练从一开始就有领导力障碍的课程：让学员自己去体会团队合作的根本障碍，共同想出解决之道。其中一项活动是让学员六人一组，爬上一个十多米的高台，每个人都必须爬上去再爬下来。事先不告诉学员如何完成任务，不过他们站在地上看到这个十米多的高台，心里都非常清楚，不管用什么办法，一定都得靠通力合作。

在这个活动中，团队合作面临两大阻碍，而且相同的问题一再出现。第一个是技术问题，如何从地面爬上高台(各组以叠罗汉的方式，先把最高的一个人送上去，再由他拉大家上去)。第二个是人的问题，如何克服个别的弱点。例如说个子最矮或体重最重的人，每个人对问题的看法是不是都能充分表达，如何选择一个最理想的解决办法，同时又能够维持团队精神和士气。

团结就是力量

最有效率的主管都明白，高度的团队效率才是力量之所在。不好的主管只把手下当做自己手脚的延伸。

莱瑞·杜尼松曾在一个将军手下做事。这位将军能够信任别人，只要求别人遵守一般的原则，偶尔召开幕僚会议，平时则让手下做好自己分内的工作。他充分授权给部属，让部属有足够的空间执行自己的任务。

几年以后，一个新长官接替他的职位。新长官也是位杰出的领袖人才，聪明、积极，而且是个工作狂，但是他对部属并不尊重。在他手下工作的人，只能唯唯诺诺，听命行事，每一件事他都仔细交代，手下的人毫无自行作主的自由。对他来说，部属只不过是他多出来的几双手、几双脚，让他可以做更多他想做的事。他手下最优秀的人才，最后也无法忍受而离去，他只好起用能力较差、甘于做执行机器的人。

领导人应该如何授权，让部属发挥出最大的才能呢？以下是一些原则来供我们参考：

团队要有好的表现，领导人首先必须非常尊重每一位成员。领导人要有开放的心胸和真正的双向沟通，要耐心倾听部属的建议，即使是最离谱的意见也要给他们表达的机会。

团队要有好的表现，领导人要能够让每一个成员分享整体的成功，加强他们的向心力。分享公司成果最明显的方式，当然有金钱方面的报酬，但是团队的成功也可以从士气或实务上来考虑。例如说成功地开发出提高效率、降低成本的生产方式，对整个社会有所贡献，而部属对这个成果都贡献了一己之力，这自然就能够提高他们的成就感。

领导人要能为团队制定共同的目标，并带领所有成员共同制定。如果强调个人的工作绩效，是取决于共同目标的执行情形，那么所有的员工自然就会更努力地去实现团体的目标。

领导人应该鼓励员工共同分析问题，寻求解决之道。主管要能加强开放的沟通，协调部属之间的不同意见，提高众人的共识。

制定努力的方向之后，如果还有不清楚的地方，领导人要明确地澄清、说明，让每一个人都知道目标何在，以及实现目标的好处和理由。

领导人建立起开放的沟通管道，就能创造出和谐的工作环境，员工彼此之间会乐于互相帮助。同样的，开放的沟通可以让学员公开坦诚地找出冲突的原因，解决出现的问题。

创造敌人——团队精神的原动力之一

精英训练营课程中有关团队精神的一个主要的训练策略，就是创造一个团体共同的敌人，激励众人一起来打倒它。处在初始阶段的西点新生曾以学长为共同的敌人，从而建立起新生在那个特殊的艰苦阶段的团队精神。

共同的目标，不见得随时随地都能够激发每一个成员努力的动机。领导者的挑战就是要设法激励团队的士气，带动每一位成员共同努力。如果成员对于最明显的目标不是非常认同，那么领导人也可以发明一个假想的目标来振奋人心。这就需要发明一个敌人，或是对敌人重新定义。

西点精英训练营在巴克纳野战营有一个活动，是把学员分成35人左右的小组，大约是一排的规模，让各组在几个小时之内完成组合桥，这是靠团队合作才能完成的任务。这种活动组合桥，每一块桥面和梁柱都有几百公斤重，光是要抬起一块桥面，就需要一群人的力量。

在战场上，搭建这类组合桥多半都有具体、迫切的目标，或是恢复重要物资的运输，或是逃避敌人的追击，或是追击歼灭敌人，这些生死攸关的情况自然会产生迫切感。要是没有这样的目标，要激发学员的士气，合力搬动几百公斤的大桥墩，并不是很容易的事情。

因此，训练营建立了一个假想的目标，对"敌人"重新定义。现在各组互相竞争，看哪一队先把桥搭好。这样的动机在企业界也很常见，"锐步"的主管可能告诉员工以打败耐克为目标；或是像百事可乐的总裁以赶超可口可乐为目标一样，打败假想敌确实可以成为一种强大的驱动力。

这是有效的竞争，这种竞争有助于目标的达成，因为团体所追求的目标不仅对每一个成员都很重要，同时对整个团队也很重要。

鲤鱼跃龙门——认同感和归属感的加强

巴克纳野战营接近尾声的时候，学员不仅完成了各项团队目标，同时也体验到了团队合作的重要性；然而更重要的一点，是他们对自己的小组产生了认同和归属感。西点的传统仪式，更进一步加强了这样的认同和归属感。

在野战营的最后一天，学员要全副武装行军到波波洛本湖，接受最后一项课程，其中一段活动是众所周知的难关"鲤跃龙门"。这是西点最有名的惊险之旅，学员必须从梯子爬上24米的高塔顶端，然后手脚并用攀爬到湖的对岸去。而在快到对岸的时候，必须松开双手落入水中，然后自己游上岸去。接下来是爬竿，走过一段约8米的独木桥，然后抓住水面上的绳索慢慢前进。听到命令的时候，立刻松手跳入湖中，至此野战营的训练就大功告成了。

经受了野战营的严格磨练，学员内心的成就感和新生通过野兽营的时候是一样的，自信心也大大增强。最后各组行军20公里回到校区，在大操场上接受校长和其他人的赞扬和鼓励，他们的努力和成绩都得到肯定。这对学员而言又更进一步提高了他们的自信心。

除此之外还有具体的奖励。在结训典礼上，每一位新生都会升级为学员下士。在军中，下士是带领士兵的最低军阶。这个晋升对学员意义重大，因为这表明付出的心血愈大，所得的果实才更甘美。每一位学员都经过了一年的辛勤和努力，才得到这第一次的晋升，也就是说西点军校公开肯定这些新生已经足以交付领导其他低年级学员的责任了。升上二年级之后，每位学员就要负责带领一两名新生。从此新学员就渐渐步入了西点精英训练营的领导历程。

第三篇 磨炼心性，做心灵的强者

心理决定成败

与实力相当的对手竞技，不只是双方技能的竞争，更重要的是双方的心力较量。

西点注重心灵锻造、智力开发、思维训练，以此不断提高学员认识问题的层次，使他们在有胆中有识，在有识中增胆。

超人的心理素质

西点认为：在战场上，胜败与否绝大部分都取决于指挥官临阵的心理素质。同样，在商战中，企业的成败也大都取决于企业家是否具有超人的心理素质。所以，从古到今，"心力较量"在各种场合中都发挥着重要的作用。

在美国加利福尼亚州的一个荒野里，一批蒙眼、裸体的男子正在任人摆布：先受烈日毒晒、暴雨冲淋之苦，再遭受像狗那样趴在地上吃食的侮辱，然后逐个接受盘问，稍有支吾或语塞，便招来拳打脚踢、口水喷面……

假如有人目睹这一切，必定以为那些人误入法西斯的战俘营，并对战俘的蒙难深表同情。其实，这些"战俘"，不是从战场上强行抓来的，而是从商场上自愿送上的。也就是说，他们都是自愿吃苦受辱的，为此还像参加某个专业培训班那样交付了很大的一笔学费。

花钱买罪受，岂不是神经有问题吗？其中的缘由，说来话长，应从这些"战俘"的来处——美国厂商与外国厂商，特别是日本厂商的争斗谈起。

纵观愈演愈烈的日美贸易战，一方正在以凌厉的攻势长驱直入，而另一方则以非凡的勇气进行反击。不论是炮火连天的"对射"，还是短兵相接的"巷战"，或是唾沫横飞的舌战，美方的反击虽勇，却终为日方的进攻所挫败。请看一则实例——美国S公司与日本J公司为一笔交易而进行的谈判：美方代表口若悬河，滔滔不绝，似操纵着谈判的主动权；日方代表挥笔疾书，少言寡语，处境似乎很被动。以后的几次谈判，都是如此，一直到美方代表对谈判丧失信心而泄气时，日方代表突然表态，以闪电般的速度讨论完所有的细节，使美方代表措手不及而疲于应付。这类实例举不胜举。对此，美国驻日本大使馆负责经济工作的公使威廉·皮茨深有体会地说："在商业活动中，要想打动日本人，简直就像剥洋葱皮一样，开始剥了还不知道里面是否真有什么东西，这一切简直如同坐禅一样。"参照此说评论这场商战，日方的胜利，与其说是耍权术，不如说是比耐心，不厌其烦地倾听对方的讲话，不露声色地琢磨对方的底牌，不漏滴水地盘算制胜的对策，冷静沉着地等待时机的到来。这一切，诚如美国人马文·吉·沃尔夫在《日本的阴谋》一书中所说，日本人做生意"具有侍弄盆景那样的耐心"。正是这种非凡的耐心，使日本厂商在国际商战中屡屡获胜。这一点，当今日本的经营管理人员已不作讳言，并自鸣得意地说："日本之所以能取得惊人的经济成就，其关键在于经营管理方面的素质强，比如耐心、纪律、灵活性、作长远规划等方面的能力非同一般。"令人注目的是，在上述各素质之中，耐心列于第一位。

美国厂商为了反击日本厂商的进攻，一直在研究、学习日本厂商的制胜之法。终于有了一些发现，美国人既惊又喜，很想效法。那么，怎样效法日本而使自己增强这种素质呢？美国人注意到一些日本企业培训中心所开设的"特别课程"：清晨4：30必须起床，按武士传统用毛巾快速擦身，然后面向富士山三次振臂高呼"我来干"；强迫学员趴在地上去拔连找也找不到的杂草；强令每个人干一些诸如"在大白天站在街头高唱淫荡歌"那样难为情的行为等如此磨砺心志的课程。日本式的磨练被美国人发现后，在美国便不乏跃跃欲试者——甘愿受苦以求得"锻炼自己的精神和肉体的忍耐力"。在这种心态的孕育下，一个为有志者提供锻炼心志和耐力的场所——"模拟战俘营"应运而生。战俘营的创办者是一位与商战毫无牵连的越战老兵、前美国特种兵威廉·安加曼。他本来是军人，虽然已经退役，但也不忍袖手旁观，何况当今的兵商日趋合一：商家以兵家为鉴而争胜，兵家亦伺机从商而获利。其此举的本身正好表明：不论是兵战，还是商战，心理素质在决胜中都具有特殊的重要意义。

与实力相当的对手竞技，不只是双方的技能的竞争，更为重要的是双方的心力较量。这是因为，一个竞技者的心态能极大地影响着自身的技能发挥，也能使其承受种种非常变故，以致抗御濒临失败的风险而反败为胜。所以，这里所说的耐心，不仅是耐苦忍辱，更为重要的是要战胜自己心理上的种种失态(精神压力、肌肉紧张、恐惧对手、内心怯懦、丧失信心、情绪烦躁、不祥预感，等等)，保持良好的竞技状态——神态自若。只有这样，才可望充分施展自己的技能而从容取胜。由此管窥商战，心理素质在决胜中所起的重要作用显现得更为清晰。

杀掉心中的敌人

特种兵威廉·安加曼创办的模拟战俘营实际上是西点在社会上的一种延伸。无论是日本的武士训练还是德国的魔鬼训练工厂，这种训练方式早在西点精英训练营里就已付诸实施并不断地改进光大。只不过西点是深藏不露、暗自富国强兵罢了。

西点精英训练营之冷峻无人不知。在训练标准面前多少眼泪不但于事无补，还有可能会坏事，并且会受到教官和同学们的轻视。对于想在西点立足的学员来说，教官或高年级学员的任务一旦下达，就只有一个选择：完成。接受任务的学员必须把痛苦、劳累、磨难都埋在心里，把眼泪、委屈、愤怒也埋在心里，并把它们化作力量，从而去冲击任务、达到标准。只要冲过去，大家就会笑脸相迎，接纳他成为一名正式的学员团成员。冲不过去，不管有多少理由，流多少眼泪，西点都只能与他无缘。

在任何时候、任何情况下，西点学员都应振奋精神，斗志昂扬，不允许有一丝一毫的颓废之情。西点校园内，很少听到"我不行"的话。在工作、学习和生产中，一旦上司有要求，都必须回答"我一定做到"、"我能行"，最差的回答也应该是"我执行"或"是"。任何人讨价还价都不被允许。西点的橄榄球队一度战绩不佳，屡战屡败，但从校长、教练到球员，都有一种不服输的精神。他们通过不断接纳新队员，撤换教练，加大训练难度，立誓夺回冠军。一般同学也积极支持球队，主动承担球员的补课工作，为他们夺取荣誉创造条件。

西点人必须挺起胸膛走路。对于军人，这既是一种姿态要求，也是一种气质要求。走路必须高昂着头，挺直腰板，既有军人的雄健威武，又有绅士的儒雅风度。对于这条规定，西点人人有监督之责。颇为有趣的是，胆大的一年级学员有时为了出一口气，会找人多的时候纠正高年级学员"腰板不直"。这是他们为数不多的权利之一。

西点要求学员挺起胸膛走路，很重要的一个方面是挺起人格的胸膛，做堂堂正正的军人。这是西点在心理素质上塑造人才的一个环节。

理性的勇敢

在军事教育发展方针中，西点也明确提出培养学员"理性的勇敢"。

"理性的勇敢"不是那种路见不平、拔刀相助的勇敢，不是那种"一言不和"便出手相搏的勇敢，或者说不是简单的血气之勇，不是三分钟热血的冲动。

从事任何职业都不会一帆风顺，都会有艰险，但任何职业都没有军事领导者面临的困难和艰险多。军事斗争看上去打打杀杀，实际比任何职业的心理负荷都大，付出的心血都多。特别是随着现代科学技术广泛应用于军事领域后，现代战争的复杂性与日俱增，对指挥官的要求也越来越高。军官是军队的领导者，他的勇敢不是单纯的个人行为，而是一个整体效应，是带有责任的勇敢。克劳塞维茨在《战争论》中指出，军官的职位越高，就越需要深思熟虑的智力来指导胆量，使胆量具有内在的动力，在追求目标的时候不至于冒很大的风险。因为军官的职位越高，涉及到个人牺牲的机会就越少，涉及他人和全体安危的问题就越多。在高级军官的活动中，智力、意志力和认识能力起主导作用。这种有卓越智力指导的胆量是英雄的标志，智力和认识能力受到胆量的鼓舞越大，它们的作用就越大，眼界就越开阔，结论也就越正确。没胆量就根本谈不上成为杰出的军官。

西点是深知其中道理的。他们通过一系列军事训练、体育活动，包括惊险的"生存滑降"等，不断激发学员的内在勇敢，使他们能够在战争需要的紧急关头，无所畏惧地冲上去。同时，在文化教育过程中，西点着重心灵锻造、智力开发、思维训练，不断提高学员认识问题的层次，使他们在有胆中有识，在有识中增胆。

不让恐惧左右自己

从长远来看，有意识地与自身的恐惧作斗争才是可以彻底战胜疾病、战胜生活的唯一选择。

"不让恐惧左右自己"，是美国著名将领巴顿用以激励自己的格言。

要把人生视为一场冒险。经过适当调整，恐惧可以转化为一种新奇刺激的情绪，帮助你突破个人的极限。

要训练自己在恐惧之下还能够保持镇静，最佳的工具莫过于密集、重复的训练。

揭开恐惧

在进行训练之前，首先让我们了解一下我们的"敌人"。

除了基本需要之外，恐惧是人类行为的一种强大的，或许是最强大的推动力。它远在太古时期就已开始深深植根于动物和人类天性的反应模式中，保证着人类的生存。受生存意志的驱使，人类在任何时候都作出了巨大的努力，以减少生活中各种各样的危险并求得生存。另外，对于人类的共同生活来说，恐惧也起着决定性的作用。它使人们形成集体和国家，发明共存的准则、权力组织和武器，操持家务，探索自然界，从事医疗知识研究，超越死亡地计划未来，并使宗教和哲学应运而生。从某种角度上可以说没有恐惧就没有文化。

尽管有着这些进步，但人的基本困苦还是存在，即使是现代人也无法避开痛苦和死亡。原先的对自然界的恐惧被对现代文明的恐惧取代，因为先进的现代技术能引发原子能和生态遭破坏带来的灾难，从而危害到人类的继续存在，并能导致普遍的生存意义及价值丧失。此外，现代生活尤其是大城市生活的快速、不稳定及混乱也给人们造成负担。

著名的哲学家伊曼努尔·康德说过，恐惧是对危险的自然厌恶，它是人类生活中不可避免的和无法放弃的组成部分。恐惧是很多心理和生理疾病的征兆。与它类似的灰心和抑郁不仅渗透到医疗诊断活动中，还涉及到社会、职业和政治、军事、经济、文化等生活的方方面面，以致每个人不知什么时候就会以这种或那种方式碰到。从长远来看，有意识地与自身的恐惧和抑郁作斗争才是可以彻底战胜疾病、战胜生活的唯一选择，特别是面对长期的、日益加重的痛苦时尤显突出。

直面恐惧

有的人认为，恐惧是一个很好的导师；恐惧使人不再矫揉造作，不再虚张声势自以为英勇；恐惧使人赤裸裸地面对自己最好和最坏的一面。

西点训练学员面对自己最真实的这一面，借助精英训练营的课程打破他们原有的自我形象，对自己的认识也从零开始，就像第一天的新生训练中，剥夺他们所有的自由和衣着服饰一样。打破学员对自己的勇敢假象后，我们再利用各项体能训练，帮助这些未来的领袖建立起真正的勇气和毅力，而不是勇敢的假象或一时冲动的血气之勇。西点教给学员的不仅仅是勇气，更多的是自信心。勇气生自信、自信增勇气。

有的学员一直都不明白这些训练对他们的帮助有多大，直到亲身经历类似的事件后才会有充分的体会。

战胜自己

战争上面对面的攻击当然不是一般企业主管平日会碰到的威胁，但是西点军人的遭遇和企业主管可能面临的危机却是相同的。学习处理人身的危险，是训练如何管理企业危机的有效办法。

学员们要在西点学会如何面对危险。西点所有学员都必须接受体能训练，参与相当危险的运动；男生要修拳击和摔跤，而男、女生都要修体操、游泳救生和肉搏自卫训练的战斗营课程。此外运动竞赛也是必修课程，而且一些课程都是有可能受伤的激烈运动。这些必修课程非常重要，不仅能锻炼学员的体能，同时也能教导他们另一项根本的领导技巧：勇敢地面对危险。

"不让恐惧左右自己"，是美国著名将领巴顿用以激励自己的格言。第二次世界大战期间，巴顿将军在北非、地中海和欧洲战场上屡建奇功，威震敌胆，被誉为"血胆将军"。

一个将领，要统帅千军万马驰骋疆场，必须具有勇冠三军的胆量。巴顿青少年时期就雄心勃勃，心存大志，并努力锻炼自己的胆量，克服恐惧心理，发誓要把自己培养成一个勇猛无畏的人。

巴顿小时候发现自己虽然勇敢，但在危险面前并非是毫无顾虑。于是他决定锻炼胆量和勇气，改变自己，努力去克服自己隐藏在内心深处的恐惧心理，并时刻以"不让恐惧左右自己"自勉。

在西点军校学习期间，他有意锻炼自己的勇气。在骑术练习和比赛中，他总是挑最难越过的障碍和最高的跨栏。在西点最后一年里，有几次狙击训练，他突然站起来把头伸进火线区之内，要试试自己的胆量。为此他受到父亲的责备，而巴顿却满不在乎地说："我只是想看看我会多么害怕，我想锻炼自己，使自己不胆怯。"

巴顿的锻炼，使他的性格变得异常刚毅果断，这种性格自始至终贯穿其整个军事生涯。

巴顿在作战中，总结出两条座右铭，那就是："果断，果断，永远果断！"和"攻击，攻击，再攻击！"在进攻德军并取得胜利的布列塔尼战役中，他的这种指挥思想得到了充分的体现——布列塔尼战役中，身为集团军司令的巴顿，命令第8军冒着两翼和后方暴露挨打的危险，向2英里外德军防守的布雷斯特进攻。这使得那些参谋们顿生忧愁，认为这是铤而走险的做法。但巴顿却认为，战机稍纵即逝，目前德空军已被逐出诺曼底地区，德军大部分装甲部队也被牵制于其他战场无法脱身，故正面之敌实不堪一击，因而要果断进攻，而不能畏缩不前。

巴顿正是这样，抓住战机，果断地指挥部队快速挺进攻击，使德军措手不及，从而把德军赶出了布列塔尼半岛的内陆，取得了此次进攻战役的胜利。

巴顿的勇猛果断，使他赢得了"血胆将军"的称号，并因在第二次世界大战中取得了赫赫战功而被授予四星上将。巴顿终于在"不让恐惧左右自己"这一格言的激励下，实现了自己的雄心壮志。

每一位领导人都需要冒险。风险愈高，领导人的情绪愈接近恐惧。要训练自己在重要关头能够处理恐惧，最好的办法就是在控制的情境下练习克服恐惧。

每一位领导人都必须积极有为。但是有品格的领导人知道如何控制自己的雄心抱负，而不会失去自制。

每一位领导人都必须全身心地投入，义无反顾地带领团队追求胜利。在追求胜利之际，积极有为是一项重要的条件，然而不论是军中或是在企业界间，任何有品格的领导人都知道，夺取胜利必须遵守一定的游戏规则。

企业领袖都非常重视抱负，但除非他们学会如何处理更强有力的情绪——恐惧和愤怒，否则很可能受制于抱负，而不能有效发挥这个特性。

西点学员当中，有些人觉得最困难的事情莫过于爬上拳击台，对自己的同学重重出手。不过在铃声响起、比赛结束之后，他们就可以转身走开。他们领悟到：积极、野心甚至是攻击心并不会一直持续，而是可以控制的。

体验恐惧

德国诗人里克尔深信，应该"控制你的恐惧"——不是压抑恐惧，而是像军人那样完完全全地去体验恐惧。

要训练自己在威胁之下还能够保持自制，最佳的工具莫过于密集、重复的训练，例如深入扎实地学习拳击技巧。西点学员都要学会刺拳、上钩拳、下钩拳，即使是自己做空拳攻防练习，也要对着沙袋练习。理想的情况下，学员能够完全专注于拳击的练习和技巧，恐惧就抛诸于脑后了。

征服恐惧说起来容易，做起来却不是那么简单。在西点各种体能训练当中，学员觉得最困难的就是拳击。很多学员就像一般人一样，脸上从来没有挨过拳，突然之间他们必须赤裸裸地面对自己的恐惧。对他们来说，第二件害怕的事情就是输掉比赛。不过最糟糕的情况，莫过于想要逃开拳击台了。如果真有人想要逃走，也必须再回头，否则就毕不了业。他们必须学会面对恐惧，了解恐惧，同时体会如何应对恐惧的压力。唯有如此，才能够确保在最需要冷静行事的关键时刻，他们不会因为恐惧而瘫痪。

大部分学员对自己的同学打出第一拳的时候，内心都要经过一番挣扎，因为不但要必须出手，而且还得重重出手。不过也有少数学员正好相反，他们的攻击心太强，太喜欢打架了。这些人必须学会控制自己的攻击心，否则如果出现最极端的情况，他们可能会被开除。

学员面对如此的内心挣扎，要牢记两个原则：

一、全力出击——毕竟胜利是每个人的目标，如果你不全力以赴，就不会打赢。

二、比赛一结束，一切就结束。两个对手握手致意走下拳击台后，比赛中的情绪包袱就应该烟消云散了。

企业界里，当然也有类似在拳击台上的情况。愈是混乱、关系公司存亡的情况下，例如像竞争激烈的购并或是产品无法如期出货，主管人员愈是需要保持冷静，掌握根本的原则，同时将心力完全集中在眼前最重要的事情上。企业领袖跟其他任何领域的领导人一样，必须能够控制自己的好大喜功，能够管理内心的恐惧。

管理恐惧

西点教导学员处理恐惧和焦虑的艺术，是借助于新兴的运动心理学。这项艺术的起源是一名专业心理学教师与橄榄球教练之间开展的合作，他们利用心理学的技巧来帮助球员控制出赛当天的各种情绪。运动比赛跟其他形式的竞争，例如战斗，同样都会造成压力，而运动心理学训练学校橄榄球队的良好成果，引发了学校对这个理论的推广应用。

由此，带有橄榄清香的管理艺术就在西点代代传承，从而能使我们在今天得以分享西点累积200年的经验总结出的管理恐惧的六大技巧：

（1）设想心里期望的结果：在内心里反复勾勒希望有的表现(例如球场上一个决定性的拦截，或是完美无缺的推销台词)，以及十全十美的表现所能获得的结果(例如赢了一局，做成一笔生意)。

（2）调节对压力的反应：找出学员觉得最困难的活动，让他们反复观看录像带，同时在他们身上接上压力和心跳测速仪器。例如对攀爬绳索特别有问题的学员，可以一再观看爬绳索的画面，试验自己不同的反应，一直到他能够摸索出适当的反应而不会被压力击垮。心跳测速仪器可以让学员清楚看出自己的反应有没有失控，这种生理上的回馈能够帮助学员学习如何控制身体对压力的反应。

（3）建立目标：建立具体可行的目标，可以帮助一个人更容易一点一点地进步，而不至于失去努力的目标和方向。例如校际摔跤比赛的选手，刚开始的时候可以每个星期学习一种新的摔倒技巧；一个月之后，他也许可以把目标定在赢得第一场比赛。做到这一步之后，他可以再把目标提高到赢得八成的比赛。

（4）专心致志避免分心：在橄榄球赛中，后卫的目标就是接近持球的球员，加以拦截。但是其他球员的动作会对他形成干扰，使他无法确知球在哪里。如果他反复研究，就能学会摒除一些干扰，专注在会影响他表现的重要线索上。企业领袖考虑公司目标的时候也是一样，公司永远会有成千上万的事情，都需要主管去注意，去处理，但是在一定的时刻，只有少数几件事情是主管真正必须处理的。

（5）相信自己，保持乐观：如果一个球员肯定自己的实力，相信自己有良好的球技、充分的练习和准备(虽然困难很多)，那么他赢球的可能性就会大于赛前就认定自己技不如人的球员。自信的个体才能组成自信的团队，一个团队或公司如果具有必胜的信心，就不会轻易屈服于挫折。有纪律的训练技巧，准确地分析对手的弱点，这是赢得竞争的两大要素。

（6）达到无意识自制的境界：要抛开有意识的自制，让平日反复练习的成果自然表现出来，这也许是最困难的一个技巧。在西点的游泳救生训练中，有一个学员最害怕的动作就是穿着军服、背着背包和步枪，从近10米的高塔上跳进游泳池，然后在水中解开背包、脱掉皮鞋和上衣，把这些东西绑在临时的浮板上。当然，他们每一个动作事前都反复演练过，但是真的到了要向下一跳的那一刻，大部分学员还是会犹豫，走到跳板尽头之后停下来，最后再纵身一跳。成功跳出那一步的兴奋，是无可言喻的，学员学会了抛开自以为能够控制一切的假象，体验到行动本身就能够产生信心。这是他们战胜自己的一个小小的胜利，但却是极其重要的胜利。

当然西点并未能成功地帮助所有学员都学会克服、控制内心的恐惧。曾经有一位女学员经过一年半的努力，利用上述各种技巧，希望克服她的惧高心理，结果一切办法都是徒然，最后学校不得不让她退学，就因为她不敢从高塔上跨出那一小步。如果训练营睁只眼闭只眼让她通过，对她不会有任何好处；今天她不能够控制自己的恐惧，那么将来让她置身于危险之中，风险会更大,恐惧可能使她连求生的本能都无法发挥。除非她能够面对她的恐惧,否则恐惧会永远如影随形,会永远限制着她的发展和成就。

克服恐惧

面对恐惧,一个人首先要有克服它的决心,要下决心从生活中完全抛弃这种心灵的蛀虫;其次用科学知识武装自己的头脑,对恐惧的事物加以科学的分析,不使畏惧和担忧干扰自己的正常生活,更不把时间浪费在为难以捉摸的未来担忧上。一个人既不要自卑自贱,也不要好高骛远。

赶快改变一下自己的生活方式,尽快调节自己的生活,现在就去做自己最紧迫、最需要做的事情,鼓起勇气去干一两件自己一向回避的事情。一个勇敢的行动可以消除各种恐惧心理,不要再强使自己"干好",因为"干"本身才是关键所在。这样通过累积许多小小的成功经验,就会建立起向较大困难挑战的信心。

此外,更重要的是培养出乐观的生活态度,在生活中不哀伤、不悲叹,对生命抱持认真而热情的态度。无论自己处在什么样的境遇中,总能超然于生命自然状态的束缚。在人生处在不良的、低沉的、恶劣的状态时,乐观主义尤其能给人以生活的鼓励与信心,使人在消极中看到欢乐。人生当然不是一帆风顺的,要受到自然的、社会的多种磨难,人在一生中难免不受折磨。乐观主义对人生的意义,就是促使人对生活多给予理性的思考,对现实多赋予精神的寄托,用想象的蓝图替代眼前的遭遇,用生命的意义克制生命的苦难。

乐观主义者在延展自己生命进程时,往往能直面人生,他们不为个体生命的存在与否而忧虑悲伤,他们追求的是希望,是生命的意义。爱因斯坦说:"人只有献身于社会,才能找出那短暂而有价值的生命的意义。""人们努力追求的庸俗的目标——财产、虚荣、奢侈的生活,我总觉得是可鄙的。对于我来说，生命的意义在于设身处地地替人着想，忧他人之忧，乐他人之乐。"李大钊曾经说过："人生的目的，在于发展自己的生命，可是也有发展生命必须牺牲生命的时候，因为平凡的发展，有时不如壮烈的牺牲足以延长生命的音响和光华。绝美的风景，多在奇险的山川。绝壮的音乐，多是悲凉的韵调。高尚的生活，常在壮烈的牺牲中。"乐观主义者无论处于生命的任何境遇之中，都能把握生命的亮点，给生命以积极、坦然的意义。

其实恐惧也有它的积极面，只要我们能够善用它，恐惧就会为我们效力：恐惧能消除自大，能使人对他人和自己更加宽容和忍耐，能使人更好地发现并享受生活中的小乐趣，能保护人不过度劳累和负担过重，能促进对少数派的理解，能缓解对完美的强烈追求，能增强对重要事物的洞察力，能使人诚实——对自己也对他人，能使人更清楚地区分真正的快乐和虚假的快乐。恐惧也能使人类好好地思考自己。

消除恐惧最好的方法就是培养积极的心态。古罗马哲学家奥里约曾说过："你的人生是由思想所组成的。"也就是说，人生是思想的延续，思想改变，人生就会改变，而改变思想，必须先树立起自信。我们应当每天对自己说："我会生活得很好。我一定能成功。"这是一个简单有效的暗示方法，时间长了，就能形成良性循环，就可以培养出自信。而自信正是恐惧的大敌。只要时时告诉自己：我能，我可以这么做，心中就会充满希望，就会满怀激情地投入生活。拥有自信，会帮助一个人扬起成功的风帆。一个人的精神不能先于他的身躯垮下去。靠一种极强的生活责任心鼓起勇气，不仅需要有探索精神，还要有不屈的意志，以及不达目的誓不罢休的决心。

一个人要敢于肯定自己的欲望与意见。即使是自己一时的心血来潮，想做一种新的尝试，也要立刻付诸行动！重要的是行动，行动能让自己享受到崭新的经验。

治愈恐惧

要想驱逐恐惧，首先应该加强自己的意志锻炼，即保持镇静并面对现实。具体说，就是要尽量训练自己在面对引起恐惧的事物时，保持镇静，先不要自己恐吓自己。保持镇静的另一方法是，先安定自己；大可不必承认自己胆小，或是承认自己恐惧这，恐惧那；要面对现实，了解自己遇到某些情境会产生恐惧的毛病，这些毛病并不是什么羞耻的事，能接受现实，并充分发挥自己的主观能动性。积极主动地对待现实，恐惧心理往往会得以消除。

对于消除恐惧来说，人们精神上的天然解毒药是最有效的。这就是勇敢的精神、正确的思想、自信的观念和乐观的态度。不要等恐惧的思想深深地侵入你的脑髓后，才去用解毒药。一旦你先用勇敢的精神、正确的思想、自信的意念和乐观的态度填充了你的头脑，恐惧的思想就无法侵入。当不祥的预感、恐惧的思想在你的心中发芽的时候，你切不可纵容它们，使之逐渐滋长蔓延。你应当立即转换你的思想，向着与恐惧忧虑相反的方向去想，如果你正为自己的软弱、自己的准备不周、自己可能的失败而恐惧，那么你就得立刻改变你的思想，你要确信你是多么坚强、多么有能力、多么有把握，并且完全有充分的准备来应付更大的事情。只有抱持这样的思想，才能取得成功。

去做你所恐惧的事，这也是克服恐惧的一大良方。"明知山有虎，偏向虎山行。"不去做，永远都恐惧，拿出破釜沉舟的勇气，做了一件使自己恐惧的事，那么就很容易去做第二件、第三件了。无论谁开始做某件事时，都是惴惴不安的，但是只要开了头，他们就会逐渐适应起来。每个人的勇气都不是天生的，没有谁是一生下来就充满自信的，只有勇于尝试，才能锻炼出勇气。尝试是一种发现，是一种自信，也是一种决心。有时候我们之所以害怕做事，只是因为光看到了事物消极和困难的一面，实际上任何事物都有正反两个方面。如果能以积极的心态，看到事物好的一面，就会减轻恐惧感。

要把人生视为一场冒险。经过适当调整，恐惧可以转化为一种新奇刺激的情绪，帮助你突破个人的极限。让自己适度冒一点险，以后逐渐增大。失败与受伤是人生中常有的事情，要让自己坦然面对这个事实。小时候，当我们蹒跚学步时，摔倒过无数次，不都爬起来了，并最终学会了走路吗？在生活中，一个人也必须心甘情愿地接受许多次失败，然后才能完成某一件事情。

最重要的是，不要让恐惧和担忧阻止你采取行动。应该学会在现实中生活，你能生活的时间不是未来，而是现在，无益的恐惧正在浪费着你的宝贵时光。要在自己的词典里，把"但愿"、"希望"、"或许"之类的字眼除去。因为这样的字眼常常会无形中销蚀自己的信心而增长自己的恐惧、怀疑及犹豫。比如，不要喃喃自语："希望事情有好转的机会。"应当先自问一下："怎样做才能使它实现。"然后一点一滴地构思计划，付诸行动。不要光在心中想："或许我能找到工作"、"或许我会成功"之类的事情，要制定计划，以行动找到合适的工作，以行动使事情取得圆满。其实只要有决心，你完全可以实现自己的愿望，你并不脆弱，而是非常坚强、非常有能力的，但是你如果将事情推迟到未来，你就是在逃避现实，怀疑自己，甚至欺骗自己。妨碍一个人采取行动的常常只是自己，道理也很简单，就是只要勇敢去做就够了。据说古罗马有个皇帝，常派人观察那些第二天就要被送上竞技场与猛兽空手搏斗的死刑犯，看他们在等死的前一夜是怎样表现的。如果发现凄凄惶惶的犯人中，居然有能够呼呼大睡而面不改色的人，便偷偷在第二天早上将他释放，并把他训练成带军的猛将。

　　得过诺贝尔文学奖的美国一代文豪海明威在未满19岁时就参加了远征军，1918年7月，他在战场上受伤，医生从他身上发现227块弹片，取出28块。在这个年轻人身上，生与死长时间搏斗着。对于战争，他曾说过："战争在你内心造成的创伤，愈合起来是非常缓慢的。"可是20年之后，他又情不自禁地卷入了第二次世界大战的漩涡。尽管第二次世界大战又给他增添了几处伤疤，但当他离开欧洲战场时，又是那样精力充沛，充满冒险精神。1954年，海明威作为《展望》杂志的特派记者，为报道当时肯尼亚吉库尤部落同白人斗争的情况而前往非洲遭遇飞机失事。海明威在肯尼亚首都治愈了外伤，但留下了严重的脑震荡后遗症、视觉重叠症及其它内伤，也正是在这一年他的长篇小说《老人与海》获诺贝尔文学奖。获奖之后，他攀登上了自己事业和荣誉的顶峰。但是此后，他的健康每况愈下，加之晚年之后头脑不可避免的迟钝，使他20世纪50年代后几乎没写出什么优秀作品。丧失了写作能力的海明威痛不欲生，但他对死却毫不畏惧。他曾对朋友说过："死自有一种美，一种安静，一种使我不会恐惧的变形。"这种对死亡的正视，表明了他已从复杂的深刻的内心矛盾中寻找到解脱之道，体现了其人生观的明显变化。1961年7月2日，他用自己平生最喜爱的那只镶银双筒猎枪，结束了自己的生命，告别了这个世界。全世界都曾为这位文豪致哀。美国总统肯尼迪在他亲自发表的哀悼文告中，把海明威称为"伟大的世界公民"。海明威自己说过："谁也不能长生不老，但是一个人到了临终，到了必须同上帝进行最后一次战斗时，他总希望世人记得他的为人，一个真正的人。如果你完成了一项伟大的事业，那就会使你永生，你只需要完成一次，有些人就记得你，如果你年复一年地不断完成，就会有很多人记得你，而且还会告诉他们的子孙后代。"

无畏，是人生命经历丰富的结晶，生命越是千折百回，人生越荡气回肠，人的胆量就越大，人也就越能遇险不惊，遇难不退。即使困难重重也毫不畏惧，即使生死一线也临危不惧，即使赴汤蹈火也面无惧色。恐惧的释然还在于生命境界的崇高，把生命放在历史运行轨道的上升阶段来认识和把握，给生命以超然的意义。

人们看重生命，并不等于惧怕死亡，死亡作为一种必然，人们惧还是不惧，对死亡来说都无关紧要，因为作为生命的最后归宿，每一个生命都是不可逃避的，因此，人只要重生，而不必虑死，看重生命的存在，视死亡而不顾，恐惧是可以在一定程度上得以释放、平缓的。对生命的重视，不是玩弄生命，对死亡的不惧怕，也不是可以随意轻生。忽视死亡，是要求腾出更多的心理空间来承受生命的重责。抛却个人利益，不惧死亡，心胸坦荡，还惧怕什么呢？正如俗话说："无私才能无畏。"当然生命的不惧怕，并不是一件简单的事情，它需要胆量。胆壮气盛，胸中不惧。相反，胆怯气衰，惧怕就会破门而入。

压力，是一把双刃剑

压力的危害

据说在1991年海湾战争期间，伊拉克对以色列发动了一连串的导弹袭击。这些袭击导致许多以色列平民死亡。但其中大多数人并不是死于导弹对身体任何直接的伤害。他们死于与轰炸有关的压力——恐惧、焦虑和紧张情绪引发的心脏疾病。他们因精神压力而死。

据说海湾战争结束后，以色列科学家分析了官方的死亡统计数字，发现了有意义的结果。在伊拉克首次发动导弹袭击的那一天，以色列平民的死亡率异常上升。

在1991年1月18日的凌晨，伊拉克用飞毛腿导弹向以色列的城市发动了首轮袭击。就人身伤亡而言，伊拉克的武器没有发挥什么作用。在首轮袭击中没有因身体受伤而导致的死亡，仅有两人在随后的16天里因打过来的飞毛腿导弹爆炸导致身体直接受伤而死亡。然而在首轮袭击的当天，以色列的死亡率猛增58%。当天共死亡147人，比按以前基数预计的正常死亡数字多54人，从统计学的角度来看增加太多，即使出现随机变动的话，幅度也不应那么大。

压力的双面效应

经历改变感知的力量在斯蒂芬·克莱恩的小说《红色英勇勋章》中得到了阐述。它以美国南北战争为背景，讲述了联邦军队一名年轻新兵和他初次作战经验的故事。

亨利·弗莱明渴望荣誉，并不顾母亲的反对加入了联邦军队。在参加第一次战斗的准备期间，亨利考虑到自己可能会因太害怕而不能作战的可能性，但是他排除了这个念头。他一生中都在梦想着战斗，而现在是他享受它的机会了。在一系列错误的警报之后，亨利最终经历了真正的活生生的惨烈战况。他周围的士兵或阵亡或受伤，这与他希望的敌人仿亡、我军大败的梦想正好相反。正当他庆幸战斗结束时，敌人再一次发动进攻。这对亨利·弗莱明来说压力太大了。他扔掉了枪，像兔子似的无耻地逃跑了。

他的脸上充满着恐惧。他逃离了战斗，他的害怕就更加剧了。

在恐惧和迷惑中，亨利在战场边上的一座森林里盲目地走着。他试图询问另一个联邦军队的逃兵，但是这个吓坏了的人神经质地用枪对他猛击，把他打晕在地。当他恢复知觉时，亨利重新到前线加入了他的部队。他的战友错误地认为他头上的伤口是与敌军作战造成的。他的精神为他们对他的态度所鼓舞。

不久，亨利重新陷入激烈的战斗中。然而这一次，他变了一个人。他已经遭遇了战争的恐怖并幸存下来，这个经历改变了他。现在，与因恐慌而逃走相反，他像一只猎豹一样英勇作战。

当掌旗军士被击倒后，亨利抓过旗帜并吹起冲锋号。他因英勇而受到了表彰，当他第二次离开战地时，亨利思索着他经历的深刻变化：他曾经差点就光荣牺牲，当他经历了鲜血和愤怒的痛苦后，他的灵魂发生了变化。他从硝烟弥漫的战场憧憬着宁静生活的前景，就好像弥漫的战火已不存在。伤疤像鲜花一样消退……他摆脱了战争的恐惧，可怕的噩梦已成往事。

另外，对参加越战的美国士兵的研究发现，一些军人的压力激素水平在激烈的战斗中比不在战场时要低。在经过高度训练的并有很强组织凝聚力的精英部队中更是如此。在军事医学中，部队离"第一线"越近，他们越不可能抱怨生病。忧心忡忡的后勤人员实际上会比海上突击队感觉更糟。

压力的一个普遍被忽视的特点是它的传染性。除了自己遭受压力外，我们还能通过行为和态度把它加诸别人身上。

那么，压力不仅是发生在我们身上的某件事情，也不仅是我们被动地承受着的一种力量，它是我们对环境如何评价和反应的产物。我们在这个过程中是——或者能够是——积极的参与者。具有实际意义的是，通过改变我们看待世界，对付挑战或评价自己处理能力的方式，我们已能够改变自己对压力的敏感性。

控制压力

任何某一特殊的紧张性刺激的影响很大程度上取决于它被控制的程度，就是说，接受者有力量改变、消除或逃离紧张性刺激的程度。

通过采取任何能使我们逃离紧张性刺激、终止它或减轻它的严重程度的行为反应，我们可以控制紧张性刺激。我们可以选择从剑齿虎身边逃走，用木棍打它或阻止它接近。控制还能表现在心理方面。我们可以忽视紧张性刺激，否认它的存在或重新构想它，以使它不再具有威胁性。

我们的心理以及其他物种的心理可以如此协调，以适应个人控制的需要，这一点并不令人吃惊，因为对邻近环境的控制对大多数生物的生存都是至关重要的。有人认为，控制代表着自治、统治和权力。缺乏控制意味着为被动受害者，随波逐流。

自制方能制人

有一项调查结果显示：很多犯人之所以会身陷囹圄，大部分原因是因为他们缺乏最基本的自制而没有把自己的主要精力放在有益的、积极的一面。

我们还有很多有意义的事情等着去做，所以，我们没有必要对自己不喜欢的话去一一回击。自制就始于此。

一个人只有先具备了自制能力，才能去控制别人。因为上帝在毁灭一个人时，总是先让别人疯狂。

自制是一种美德

曾经有一项针对美国各监狱16万名犯人犯罪动因的调查研究，结果发现了一个惊人的事实，就是这些犯人之所以会身陷囹圄，大部分的原因是因为他们缺乏最基本的自制而没有把自己的主要精力放在有益的积极的一面。

要能稳住自己，就必须使你身上的热情和自制力达到平稳。

美国著名的培训家拿破仑·希尔曾作过精彩的演讲。他讲述了在芝加哥的一个大百货公司里亲眼看到的一件事：这家公司专门开出了一个柜台受理顾客们的投诉，很多女士排着长队，争着向柜台后的那位小姐诉说自己受到的不公平待遇，以及公司让人不满的地方。这些人中，有的人说话很不讲理，甚至说了一些很难听的话，但是柜台后的这位小姐一直微笑着接待这些愤怒的顾客，一点都没有不耐烦的表现。她始终面带微笑，指示她们前往什么部门，她一直那么镇定而优雅，这让拿破仑·希尔感到很惊讶。

她的身后站着另外一个女郎，不断地在纸条上写点什么，递给她。原来纸条上写的就是这些妇女抱怨的内容，但是，省略了她们尖酸刻薄的言语。

后来拿破仑知道，这位一直微笑着的小姐是个聋子，后面的人是她的助手。

这件事引起了拿破仑极大的兴趣，于是，他去拜访百货公司的经理。从他那里，拿破仑知道经理之所以要挑一位耳聋的女士担任公司里最重要、最艰难的工作，是因为他没有办法找到一位有足够自制力的人来承担这项工作。

拿破仑站在那里观察了很久，他发现这位仪态优雅的小姐的微笑，很好地安抚了这些愤怒的妇女的情绪。她们走过来时，像是愤怒的狼，可她们离开时，却像是温驯的绵羊。甚至有的人脸上还露出了羞怯的神情，因为这位年轻女郎的"自制力"让她们感到羞愧。

自从看到了这个情形之后，每当遇到别人用自己难以接受的言辞批评自己时，拿破仑立刻会想到那位女郎镇静的神态。他想，也许每个人都应该有一个"心理罩"，必要的时候就遮住自己的耳朵。所以，拿破仑·希尔渐渐地养成了一个习惯，对于自己不想听的无聊的话，他就设法关上耳朵，以免在听了之后徒增烦恼。人生苦短，我们还有很多有意义的事情等着去做，所以，我们没必要对自己不喜欢的话一一回击。

控制住自己再去控制别人

在课堂上，拿破仑·希尔还引述自己的亲身经历为学员讲解自制力的重要性和训练方法。

在拿破仑·希尔的事业刚开始起步的时候，他就发现了缺乏自制对生活造成的恶劣影响。这是从一个小事中发现的，拿破仑·希尔从这件小事中吸取了一生中一个很重要的教训。

那一次，拿破仑·希尔和办公楼管理员之间产生了一点误会，这导致两人之间互相厌恶，后来演变成了十分激烈的敌对状态。于是，只要管理员知道楼里只剩拿破仑·希尔自己在工作时，他就关掉楼里所有的电灯。一连发生了几次这样的情况后，拿破仑·希尔终于再也无法忍受下去了。有一天，当那个管理员再次这样做时，他立刻冲向了大楼的地下室。

当拿破仑·希尔到了那里的时候，管理员正在往锅炉里一铲一铲地送煤，同时还悠闲地吹着口哨，好像什么事情都没发生似的。

拿破仑·希尔就在那里对着他破口大骂，一直骂了五分钟都没住口，最后，他实在是想不出什么更难听的话来了，只好停下来喘口气。这时，管理员站直了身体，回过头来，带着一个开朗的微笑看着他，用一种很镇定的语调对他说：

"你瞧，今天你太激动了，不是吗？"

他这句话就像是一把匕首，一下子扎进了拿破仑的心脏。

我们可以想象当时拿破仑是一种什么样的心情。站在他面前的是一个既不会读也不会写的文盲，尽管如此，自己却在这场战斗中败给了他。

拿破仑开始谴责自己了，他很清楚自己被打败了，而且，他更清楚地知道自己是错误的一方，这让他感到自己的耻辱。

拿破仑·希尔转身飞快地跑回到自己的办公室里，他再也做不下去任何事情了。拿破仑·希尔仔细地反省了一下，认识到自己确实是错了。不过，当时他实在不甘心对自己的错误采取任何措施。但无论如何，他都得到地下室去向那位管理员道歉。过了很长时间后，他终于下定决心再到地下室去，他必须忍受这个羞辱。

拿破仑再次来到了地下室，他把那位管理员叫到门边，那位管理员用很温和的语气说：

"你又想做什么？"

拿破仑说："我是回来向你道歉的，我希望你能接受。"那位管理员脸上又浮现出了那种微笑，他说："你不必道歉。我想，除了这四面墙，你和我之外，没有其他人会知道你刚才说的那些话了，我是不会把它告诉别人的，而你肯定也不会，所以忘了它吧。"

这番话其实比头一次的话更深地刺痛了拿破仑的心，因为他表示他原谅了拿破仑，甚至还愿意隐瞒此事，就当一切都没有发生过，以免造成对拿破仑的伤害。

拿破仑走近他，紧紧地握了握他的手，他现在是用心去握对方的手。在回办公室的路上，拿破仑感到心情十分愉快，因为他终于勇敢地改正了自己的错误。

经历了这件事以后，拿破仑下定了决心，从此再也不会失去自制力了。一旦失去了自制力，任何人都能轻易地将你击败。

做出这个决定之后，拿破仑发生了明显的变化，他的笔更有力量，他的话也更能让人信服了。从那个时候起，他结交了更多的朋友而减少了很多的敌人。这成为拿破仑一生中一个非常重要的转折点，他说："这件事给我的触动很大，我知道，一个人只有先具备了自控能力，才能去控制别人。它也让我明白了那句话：上帝在毁灭一个人时，总是先让他疯狂。"

"回报"的真谛

在培养出足够的自制力之前，你一定得先了解"回报"这个词。

如果我伤害了你，那么你一定会等待机会报复我，而如果我对你讲了什么难听的话，你有可能用更难听的话来伤害我。

但同时，如果我帮了你，你也会想办法帮我做一些事，这就是回报。

所以，只要正确地运用这个法则，你就能做出我想让你做的任何事情。当我想得到你的尊重、友谊和合作的时候，我可以先向你提供这一切，然后换回你同样的态度。

想准确有效地运用这条法则，最重要的一步就是学会自制，你必须学会容忍各种玩笑和惩罚，同时控制住自己不采取同样的手段，这种自制力是你掌握"回报"的原则必须承受的锻炼。

当一个愤怒的人开始嘲笑你或辱骂你时，请记住，如果你也用同样的话开始反击，那么，你的心理程度就和他在同一个水平上，就是说，实际上他控制了你。

另外，如果你能控制住自己的怒火，保持镇定和沉着，那么可以说你是维持住了正常的情绪，是理智的。对方会被你的冷静震慑住，因为你用来报复的武器是他不了解的，所以你很容易就能控制住他。

斗志、耐力、顽强

意志力是领导者所应"装备"的最强大的武装力量。

斗志、忍辱、耐力、顽强、韧性等意志力都是成大事者所应具备的素质。

坚不可摧，实际上指的是"意志力"。

意志的认知

心理学家把意志称为超常的心理素质。意志不是生来就具有的，它是靠后天学习而获得的，是在家庭、学校、社会的教育和自我磨炼中逐步培养起来的。

在心理学中，意志是指人们自觉地确定目标，有意识地支配和调节自己的行动，克服种种困难以实现预定目标的心理过程。它与情感、动机等一样，是人的意识倾向性的表现。

俄国生理学家巴甫洛夫曾经说过："忧郁、顾虑和悲观，可以使人得病；积极、愉快、坚强的意志和乐观的情绪，可以战胜疾病，更可以使人强壮和长寿。"可见，情感、意志使人健康、貌美、长寿，并且具有非凡的魅力。

意志对人的身心发展可以起到非常重要的调节作用。意志不坚定或缺乏意志，会使人在现实生活与事业发展中难以克服心理矛盾，难以完成工作计划，难以坚持体育锻炼，难以练就健康的体魄，从而怨天尤人、悲观厌世，把自己置于恶性循环的怪圈之中。更有甚者，在困难与挫折面前会逃避责任或轻生自杀。

具有坚强的意志可以增强克服消极情感的控制力，保持心理健康，使自己乐观、勇敢、有效地面对困难与危机，从而摒除失望、忧郁与畏缩。

人生在世总有各种各样的需求和欲望，这体现着各自的人生价值取向，反映出不同的理想。追求理想是人生最令人激动的事情，许多人都怀着对未来的美好憧憬。然而一事无成者并不罕见，他们常常在遇到困难和挫折时放弃了目标，转移了方向。强者之所以能够实现自己的美好理想，就在于他们具有坚强的意志。

要完成一个意志活动，首先要有目标，而这个目标是在反复思考、对比的前提下确定下来的，并非头脑一热稀里糊涂而定的。目标是意志行动的导航系统。

不良的意志品质会导致不良的后果。它不仅影响人的前途，还会影响人的心理活动，使人形成不良的心理状态和人格缺陷，严重的还会发展成病态的人格。

良好的意志品质是每个人身心健康和才智发展的保障。不良的意志品质不仅阻碍发展，还会引起各种身心疾患。意志品质是衡量人的意志是否健全的主要依据。当一个人意志品质经常表现不良，并在行为方面表现出特别的低劣或异常时，他便出现了意志障碍。意志障碍在病理上的表现为意志增强、意志减弱、意志缺乏等。

（1）意志增强。指一般意志活动增多，或表现为对一切事物都感兴趣，或表现为集中一切力量做常人认为无意义和无价值的事。如处于躁狂状态时，他会对周围的一切事物都感兴趣，什么事都参与、干涉，终日忙忙碌碌，不能保持片刻的宁静。但他的活动常因外界环境的变化而不断地改变行为方向。

（2）意志减弱。指意志活动显著减少。主要表现为情绪低落，动力不足，死气沉沉，对工作、学习缺乏主动性和进取心，得过且过，随遇而安，生活懒散。严重者日常生活不能自理，经常处于抑郁状态。

（3）意志缺乏。对任何活动都缺乏明显动机，没有确切的目的和要求。头脑空洞无物，失去理想与奋斗目标。不关心事业，对生活缺乏应有的主动性与积极性，行为被动。常伴有思维贫乏、情感淡漠等表象。严重时对生存本能(进食、性欲等)也缺乏要求，一切行为均失去动力。

意志的强弱关系成败

意志的强弱对领导者的成败起着重要的作用。领导者意志的强弱不但影响领导者个人的行为，而且会影响他人及整个团队。

良好的领导意志是领导者顺利地、有效地进行领导工作的重要保证。

当今社会，竞争激烈，商场如战场，领导者的意志决定着企业的生死存亡。因为领导者的意志影响着目标的确定、计划的制定、领导方式方法的选择等方面，更重要的是体现在对贯彻执行目标、计划、决策的坚定性、对选择领导方式方法的果断性上。但坚定的意志决不是违反客观规律的主观臆断、固执，而是基于对客观现实的正确认识和发展趋势的科学预测，否则将会造成不可避免的失败。

作为一个领导者，只有坚韧的意志还不够，还要看这种意志的客观性如何。不然的话意志就会变为武断和固执，不但会给所领导的单位、事业带来危害，也会使自己面临失败的深渊。

意志力训练内容

意志是蕴藏于人的内心而直接体现于行动中的心理素质，它主要体现在领导者行为中的斗志、刚性和韧性上。

（1）斗志——意志的顽强性。

领导者意志的坚强程度最常体现出来的就是顽强性。它表现为领导者在遇到困难和挫折时，能够迎难而上。困难越大，挫折越多，斗志越旺盛，干劲越大，有一种不达目的势不罢休的决心、勇气和闯劲儿。领导者如果能有这样坚强的意志，往往在困难和挫折面前激发出无穷的力量和智慧，把自身的才能充分调动并发挥出来，带领团队一起去攻关、苦战，而且以其乐观的态度、必胜的信念鼓舞人心、增强斗志。

许多优秀的人物都是面对困难、挫折、失败毫不气馁，以顽强的毅力克服了种种艰难险阻，最后走上了成功之路。

（2）刚性——意志的果断性。

领导者的刚性，也就是意志的果断性，就是一个人善于当机立断，及时、坚决地下决心作出决断的能力。在决策和处理问题时，善于选择时机；在时机成熟时，能立即做出决定并采取行动。在紧急的情况下，能够迅速做出应付紧急情况的决定；当情况发生变化时，或发现自己的决策有错误时，能够立即停止行动、改变已做出的决定，而不是优柔寡断或武断。领导者具有意志的果断性，在进行决策和处理问题时，思想高度集中，反应极为敏锐。对信息的消化和吸收，对经验的综合运用，对未来的估计和推算，都能在瞬间完成。

（3）韧性——意志的忍耐力。

领导者的韧性也就是意志的忍耐力，是把痛苦的感觉或某种情绪长时间地抑制住、不使其表现出来的能力。它是意志顽强性的一个前提，二者时常是联系在一起的。

培养忍耐力，首先要对来自于外界的压力有足够的承受能力。不能一遇到棘手的问题、困难以及痛苦，就脆弱得马上想逃避、投降，这对问题的解决无一利而有百害。成功的人都是以极大的毅力和意志忍受着困苦，在艰辛中一步步地向前迈进。

一个人要有忍耐力，要能适时地控制好自己的情绪，尽可能不让消极、对事物有害的情绪爆发出来，做到胜不骄，败不馁，不把喜怒哀乐表现在脸上，不去影响他人和群体的情绪，从而做好领头羊的工作。

意志的刚韧相济、顽强有力，是一个领导者意志良好的表现。若缺少了一个方面的因素，在意志的品格上都不算完整，称不上是具有良好健康的意志素质。作为一个领导者来说，在意志的刚、韧和斗志上下功夫，即在果断性、忍耐性和顽强性上磨练自己是十分必要的。

培养意志力

（1）做最佳的期望。相信在所有的境遇、所有的人及所有的事件中都蕴藏着力量、可能性和丰富的内涵。

（2）制定行动计划。每星期都有所准备地将注意力集中在所有重要的想法和需要上，分出轻重缓急。接着，在实施你所希望实施的行动前，完成你所急需完成的各项任务。

（3）共识、关注和胆识。你要对自己团队队员的特点怀有浓厚的兴趣，征求、聆听和真正接受他们的意见。你要相信他们有能力转危为安，有能力相互促进，抵抗消极。消极、保守的人很少会作出有效的决策。你要使他们对你本人及你所设立的目标、使命和目的抱有好感。你要坚信自己所想的、所说的和所具有的能力，并以实际行动加以证实。

（4）不断思考和写下你的理想，直至实现。当你拥有理想时，你就能在这一理想的指引下，通过某些艰难的工作达到具体的目的，实现具体的目标和行动计划，完成你的职责和团队所赋予的任务。理想能及时为你所要做的每件事创造条件。

（5）发扬淘金者精神。平庸的领导者从团队中的每一个队员身上只能发现"平庸"；"卓越"的领导者会寻找并希望发现团队队员身上的"优秀"；伟大的领导者则善于从人们身上不断地挖掘出新的潜力，他们会帮助团队队员将自己从没想到过但本人却具有的各种潜力、优点和适应能力化为现实。

（6）追求知识和进步。要掌握有关产品和服务的特征、效用及其独特之处的知识。要充分发挥团队队员身上的潜力。要主动、充分了解部属的能力、理想和动机，这不但有助于构成轻松、富有人情味的人际关系，还会使生产率、顾客满意率和利润率实现最大化。

（7）提供不同凡响的服务。IBM公司的3个基本信条中的第2条宣称："我们要提供优于世界其他任何一家公司的最好的顾客服务。"IBM公司的成功秘诀就在于对这些基本信条内容特别是服务的献身。冠军总是超越所有的"竞争对手"。

（8）完成积极向上的目标。要树立坚定的信念，相信你所希望达到的目标具有现实意义，因为这种目标会对你的意志与身心大有裨益，并且它会转化为现实。

（9）鼓足干劲，充满热情。你要持续不断地寻找自身的新的能动力，并认识到所谓的"弱点"仅仅说明能动力没有得到发挥或没有得到充分发挥。这样，你将发现自己会更容易、更有热情地去寻找新的能动力，并将此融合于团体的力量中。

意志力的巅峰

意志坚强的领导者会变得富有，因为他们的精神很富有。他们渴望新的知识和经验，他们从来不会忿忿不满，因为这种不满的情绪会导致对昨日失败的耿耿于怀。他们真诚地期望最好的结果。

这种领导者的日常想法、行为和态度都由一种日益具体化、持久不衰和切实可行的理想驱动。他们知道，必须竭尽全力战胜自己，而非战胜他人。他们力求完善自己；他们总是热情洋溢；他们身上闪耀着理想的光芒！他们坚信自己能够成为自己想成为的人。他们会友善地向他人表示感谢。他们相信，每个人都有各种能动力。他们乐于奉献，而非索取；他们懂得给人越多，自己所得也就越多。他们精心培育充满活力、不断向上和敢于革新的精神。他们努力建立能够增强集体和个人力量的协作关系。他们有能力、有经验、有知识，他们认识到征求、聆听和接受所有人特别是自己团队队员对愿望、需要和可能性的看法会对自己的工作产生很大的促进作用。他们看到：每一个人都具备各种潜力，而决非是恨铁不成钢的无能之辈对征求别人意见的必要性及其所能产生的作用力和益处给予相当热情的关注。他们组建坚强的团队，不断探求新的机遇。

意志力与铁石心肠

坚强的意志与铁石心肠是截然不同的。意志坚强的人豁达开朗，乐观愉快，积极进取，勇往直前。意志坚强的领导者具有崇高的目的、明确的方向和远大的目标。

为了想得到和为了力求获取最好的成果，意志坚强的领导者对组织中的所有积极因素都了如指掌，并始终加以关注。

他们致力于改善服务、进行革新、提高质量和向员工授让自主权。有了这种努力，他们就会轻松自如、理智现实地对待一切。

他们通过鼓舞人心的榜样作用带动团体。没有任何东西能像榜样那样打动人心。领导者必须以目标为导向，必须注重价值观的培育。

狭路相逢勇者胜

无论工具和设备多么先进、精良，如果使用者没有勇气、没有胆量及时恰当地运用，也会被手无寸铁的勇士俘获。

勇气会对抗命运的打击，因为勇气告诉你：你能做到一切。

成功者与失败者的区别在于有没有勇气

缺乏勇气就是软弱，就是不坚强。软弱的人内心深处经常处于恐惧的状态，他们在日常生活中缺乏足够的勇气，连一些很正常的事情也不敢去做。即使是自己很熟悉的事情，也会担心出意外。缺少勇气和胆量，面对任何艰难、危险的事情都没有自信心，不能勇往直前地去做，自己信不过自己，缺乏判断力，对任何事情都没有自己的主见，不敢果断作出决定。在生活中他们常常是被动的，特别是在关键时刻，稍遇挫折或危机，就会全线崩溃。

在许多时候，成功者与平庸者的区别，不在于才能的高低，而在于有没有勇气。有足够勇气的人可以过关斩将，勇往直前，平庸者则只能畏首畏尾，知难而退。爱默生说："除自己以外，没有人能哄骗你离开最后的成功。"柯瑞斯也说过："命运只帮助勇敢的人。"庄子曾说过这样的话：勇敢的渔夫可以在水中行走不躲避凶猛的蛟龙；勇敢的猎人可以在陆地上行走不躲避凶猛的犀牛和老虎；明晃晃的尖刀架在脖子上，而视死如归的，一定是刚烈之士；明白失意在于命运，得意在于时运，大难当前而无所畏惧的，是圣人的勇敢。可见古今中外，人们所钦佩、称道的都是勇敢，尽管勇敢的性质、勇敢的表现形式不同。遇事不退缩、勇往直前的人，在关键时候能迅速作出英明决断，帮助他人渡过难关。而敢为天下先，敢作敢当，面对邪恶势力毫不屈服，才是真正的男子汉。下面让我们认识一下缺乏勇气的几种表现，以期从中得到镜鉴。

缺乏勇气者胸无大志，目光短浅，凡事唯唯诺诺，见难就退，见危就避，凡事都过分小心。

个性懦弱的人，他们无论说话、做事，还是待人接物都显得谨小慎微，缩头缩脑，卑躬屈膝，总是怕做错什么，生怕树叶掉下来打着自己的头，不敢越雷池半步。由于过分担心害怕，所以做起事来犹犹豫豫，效率特别低。对他们来说最好的选择就是尽量少做事，或者不做事。

缺乏勇气者意志薄弱，遇到突发事件就会惊慌失措。他们信不过自己，也信不过别人。他们不敢冒风险，不敢去和一切艰难困苦、邪恶势力作斗争。他们不仅做事缺乏勇气，而且毫无决断力，只会一味承认自己低劣、错误、过分或失败，并忏悔、自责、贬低，甚至摧残自己。

缺乏勇气者对熟悉的事物和环境比较得心应手，但对于不熟悉的、未知的环境，显得过分慎重，不愿出头露面。

懦弱的人缺乏创造力和冒险精神，凡是遇到新计划、新挑战，总会搬出各种理由来推迟实行，觉得这样会减少风险，其实无形中就失去了很多成功的机会，以至于事业上无所作为，平平庸庸。

实际上人生就是挑战，社会就是一个大运动场。在这里，强者胜，劣者汰；强者应全力拼搏，弱者应大胆奋起。人人面临着挑战，同时也体验着挑战。只有不畏强手，勇敢地迎上去，接受新的挑战，才能出奇制胜。

缺乏勇气者善于隐藏懦弱

还有一些人，虽然内心懦弱，但他们很会掩饰自己的胆小怕事，他们善于自吹自擂，借虚荣来标榜自己的大胆无畏。他们说起话来振振有词，似乎什么人和事都不放在眼里，并常常炫耀自己的地位和权势，希望以此取得别人的信任。表面看来他们很自信，实际上却是懦弱至极。他们是语言的巨人、行动的矮子。当需要鼓起勇气，勇敢去做时，往往就立刻退避三舍，躲藏起来。他们不仅害怕做不好事，更害怕招惹麻烦。即便是不得不做的事，在做的过程中也是唯唯诺诺、战战兢兢，随时担心意外情况的出现。

勇敢起来，战胜软弱

中国有一句古话"狭路相逢勇者胜"，人的勇气和胆识是在无路可走时逼出来的，是在屡战屡败中锻炼出来的，也是自己给自己灌输出来的。

鼓足勇气，直面困难，你会发现自己抵抗逆境的力量其实也很强。

要知道一个人只有控制了怯懦，别人才会重视你，才能在人际关系中处于优势，才会生活得从容不迫，才会在生活中始终乐观而健康。一个人只有先尊重自己，才能赢得别人的尊重，才会在事业上赢得别人的支持，才能因别人的支持而成功。正如法国思想家拉罗什福克所说："无畏是灵魂的一种杰出力量，它使灵魂超越那些苦恼、混乱和面对巨大危险可能引起的情绪，正是靠这种力量，英雄们在那些最突然和最可怕的事件中，也能以一种平静的态度把持自己，并继续自由地运用他们的理性。"

而要克服懦弱，则先要认识到所有心境都是由于自己的思想，或者说"认识"而产生的。当你感到懦弱的时候，是由于头脑正被一种无孔不入的消极思想所占领，这时候整个世界看起来都是灰暗的。更可怕的是你不知不觉地、渐渐地相信，事情果真如你想象的那样一无是处。而消极的思想几乎总是包含着严重的失真。消极的思想差不多是使你感到痛苦的惟一原因。

相信自己的能力

你应该确信自己是有能力的，完全可以战胜生活中的一切艰难困苦。对任何事情都应全力以赴地去做，无所畏惧，永不退缩，永远富有勇气和决断力。只有自信的人才能坚强地去克服种种困难，才能增强信心，发挥出自己的聪明才智，在事业上取得成功。有时只需要一点点勇气就能把事情做好，但人们之所以不去做，只是因为他们认为不可能，其实有许多不可能，只存在于人们的想象中。

拿破仑有句名言："不想当将军的士兵不是好兵。"这句名言激励了一代又一代不同肤色、不同语言的有志青年。拿破仑本人就是这一名言最好的实践者。他本是个矮小的科西嘉人，常受人欺负，在别人眼里是与将军、元帅无缘的，可他偏偏渴望着统率千军万马。正是这强烈的愿望加上不屈不挠的奋斗，使得他成为人类历史上少有的豪杰和伟大的统帅。

懦弱心理较重的人，除了要努力培养自己坚强的意志、丰富的想象和激荡的热情之外，还必须培养战胜胆怯的勇气和决不向困难妥协而敢于去冒险的精神。消除畏惧心，是一个人成功的前提。没有畏惧心的人，他们在一切社会环境、自然环境当中，有着按自己的意图行事的坚韧生命力。他们可以做到抛弃一切、无所顾忌地向着奋斗目标英勇前进。他们由强烈的自信，产生出不怕危险和失败、大胆猛进的勇气，具有敢于挑战的伟大精神。他们不断从事改造社会、改造自己的工作。他们力图寻找自己的对手，打垮敌人，以此来激发斗志，发挥出自己的能量。

人有时会活得很累，会有很多的困惑、迷惘和说不清、道不明的哀伤，可换一个角度想，出路总是有的。希望能温暖一个人的心，即使将来有一天希望破灭了，毕竟曾支持自己走过一段路，也许这段路正是我们最难走的一程。走过这一程后，我们就有足够的承受能力去应付各种各样的艰难险阻。远大的目标就像寒夜里的一盏明灯，它能鼓励你一路走下去，不气馁，不灰心丧气，说不定不远处就有你所寻觅的东西。岁月的流逝会在皮肤上刻下皱纹，而热情的消失则在心灵上留下创伤。担心、疑惑、不自信、恐慌、绝望——这些东西正是夭折精神之树的元凶。

人与信心和希望成比例地年轻，与懦弱和绝望成比例地衰老。

人的一生精神上可能会受到沉重的摧残，心灵上可能受到残酷的打击，感情上可能受到巨大的压抑，但并不会被毁灭。正如西方一位哲人说："迎头搏击才能前进，勇气减轻了命运的打击。"

肯特·卡勒斯于1949年生于美国俄克拉何马州。由于早产，接生时输了大量氧气，他的视网膜受到了破坏，生来便双目失明。面对残酷的现实，他的父母却坚信儿子一定能做到常人所作的一切。要做到这一点谈何容易，但他有超凡的毅力，在很小的时候就凭一次次不屈的努力，能靠感觉知道物体的位置，仿佛他的体内装着一部雷达。父母经常告诉他，他能做到一切。小卡勒斯在父母的帮助下，不仅能够同健全的孩子一样上学，而且一直是出类拔萃的全优学员，他的聪颖好学也使他得到了许多老师的帮助，以致后来他成为美国国家宇航局最重要的科学家之一。

所以，无论你活得充实还是平淡，无论你将长成大树还是长成小草，无论你将变得杰出还是变得平庸，这一切都取决于一个意念，取决于你心中的愿望。你应该相信自己的潜在优势，增强自信心，解除懦弱感。胆小的人真正的敌人是自己。一个锐意进取的人，必须具备勇敢和创造力。在人类历史上，只有那些相信自己、做事不退缩、勇敢而富有创造力的人，以及那些具有冒险精神的人，才能成就伟大的事业。

磨练品质

一个性格懦弱的人，一定要培养自己的信心。只有当自己树立起对自己的信心以后，才会勇敢地去做自己想做的事。不论遇到什么困难，哪怕是面临失败，也不要灰心丧气，要勇敢地正视它，以积极的态度寻找应变的方法。一旦问题解决，自信心将会为之增加。

如果你觉得自己性格中有懦弱的一面时，你应该不断地跟自己说："我是坚强的，我比别人勇敢，没什么东西可以战胜我。"经常反复地跟自己这样说，就等于你在不断地把健康有益的观念输入你的潜在意识，时间长了，这些健康有益的观念就可以改变你的人生态度，使你变得坚强、果敢。卡耐基说："我们每个人的生活面貌都是由自己塑造而成的，如果我们能学会接受自己，看清自己的长处，明白自己的缺点，便能踏稳脚步，达到目标。"其实我们每个人生来的素质是不相上下的，别人能成就的事情，其实你也能。一切艰难和困苦，都要由自己来承担，不要推卸责任，要勇于承担一切后果。你应该有着充沛的精力和伟大的魄力，要鼓起勇气，下定决心，与一切懦弱的思想作斗争。只有自信，才能激发进取的勇气，才能感受生活的快乐，才能最大限度地挖掘自身的潜力。生活中许多恐惧不安，其实都是因为你的勇气不足，一旦获得了信心，许多问题就迎刃而解了。

有这样一个故事：第二次世界大战末期，在法国沦陷区，德国军官把一位打得皮开肉绽的美国士兵推出来示众，士兵目光炯炯地掠过悲愤而又无奈的人群，慢慢举起凝着血痂的手，用中指和食指比划出一个"V"字，众人轰动，德国军官震怒了，令人砍去他的手指。士兵昏厥过去。一盆冷水把他浇醒，他又艰难地站起来，突然伸出两只已无手指的血臂，组成一个更大的"V"字，向蓝天伸去，全场一瞬间死一般的沉寂，旋即海浪般沸腾。残暴的德国军官颤栗了，他没想到这个象征着胜利的英文字母竟是这般无处不在，无可匹敌。他垂下头，看到台下的民众全都张开了自己的手臂。这个德国军官突然明白了：即使他能砍去所有的手臂，也无法砍去这个字母所代表的勇气。

当灾难改变了我们的命运，将我们置于忍无可忍的痛苦深渊时，我们一定要磨练我们的意志，强化我们的信念，形成一种压倒一切的心理力量。在我们的心底，要永远沉积着"坚持到底就是胜利"这样的信念。当你历尽艰辛、心力交瘁，甚至走投无路、万念俱灰的时候，不屈的意志会给你的情感以温暖，给你的意志以鼓舞，给你的精神以引导。没有任何一种生活是十全十美的，但只要有坚强的意志，就没有改造不了的自我，就没有超越不了的屏障，就没有抵达不了的彼岸。树立远大的目标，发掘自我的潜能，那么，所有瞻前顾后的疑虑、驻足不前的犹豫和逆来顺受的软弱统统都会被我们置于脑后，我们将获得无坚不摧的信心和勇气。

用行动消除软弱

希望带给人的是一个可以追寻的梦想，但一个人不能总是生活在希望和幻想之中，这样就没法实现理想，所以有理想和希望固然重要，但更重要的还是行动。

假如你明白自己有软弱的缺点，就应当努力学会变得坚强起来。当然，这并非一朝一夕之事，但只要努力培养自己正确的人生观和价值观，那么，懦弱就不会再是你的印记。成功来自于勇气，这句话是绝对正确的。勇气一方面自然有天生的因素，但更重要的，则来自对自己与世界的认识，是在生活和事业的磨练中逐步培养出来的。

甘地，堪称全世界著名的民族英雄，有历史学家评价说："他的伟大，在于他的勇气。"而事实上，甘地小时候是一个敏感多疑、瘦弱多病的人，也是一个对人和事、对世界、对神秘的天堂地狱都怀有深深畏惧的人。可是，他最终却成为一个勇气十足的伟大英雄。我们都知道，甘地的不抵抗合作运动，是要拿血肉之躯迎向敌人的枪炮的。要是没有足够的勇气，这种行为根本无从谈起。他的这种勇气从何而来呢？这显然是他努力培养的结果，他在残酷的生活和斗争中磨练出了自己足够的勇气。从一投身印度独立运动起，他就知道，必须做一个无所畏惧的人；只有无畏，才能勇往直前，才能为实现自己的理想而努力奋斗。他以自己的至高信念，以自己的坚强毅力，最终使自己成了一个有勇气的人，一个大无畏的人。

第二次世界大战之后，圣雄甘地在反英的民族独立运动中，多次被捕入狱。但他从没沮丧过，仍然毫不动摇地领导大众坚持斗争，使印度获得了独立。虽然他已经去世多年了，但是作为人民英雄、"印度独立之父"，他将永远活在印度人民心中，永远受到人们的怀念和敬仰。

如何变得勇敢

把"生当做人杰，死亦为鬼雄"这样一些鼓励人勇敢无畏的格言抄写下来，放在醒目的位置上，使自己每天都能看到，然后潜移默化地渗入自己的心灵。这些格言会对人的懦弱性格起到很好的鼓励作用。其次，还要多读多看一些带有积极意义的读物，比如多读鼓励人树立崇高生活目标的书籍，多看名人传记，这样我们就会受到书中所营造的自然环境和社会环境、情感环境的影响，从而增强坚定的信念。拿破仑就曾说过："在我的字典中没有害怕这个字眼。"正是这种无所畏惧的性格，才使他成为一代名将。

此外，还要多与具有积极心态的朋友交往，广泛社交，多接触成功的人。俗话说得好，"近朱者赤，近墨者黑。"多与这些人交往，你就会被他们乐观、勇敢的精神感染，使自己在潜移默化中变得开朗豁达，逐渐培养出正确的思维方式和好的生活、工作习惯。通过社会交往，发展友谊，联络感情，结识知己，交流思想，用强烈的社交欲望解除懦弱的症结。

另外，还要对自己有清醒的认识，尤其是要把注意力集中在自己的优点上，坚持发扬自己的这些优点，让自己每天有意识地做些自己最擅长的事，即使是不足挂齿的事情也要坚持不懈。这样，只要发挥出了自己的特长，那么在工作、生活中自然就会有出色的表现，而自己所取得的这种成绩不论大小，都能增强、支撑起自己的自信心和勇气，从而逐步减轻直至消灭自己的懦弱。

战胜懦弱的最好办法是在伤口还在滴血的时候，就勇敢地、坚强地站起来，然后在泪水里微笑，否则，一旦倒下，再想爬起来，就需要付出更多的代价。

美国总统罗斯福8岁的时候，由于长得不好看，有着一副暴露在外参差不齐的丑牙，所以总是畏首畏尾，十分内向，不善交际，谁见了都觉得很好笑。当他在课堂上被老师提问时，站在那里两腿直打哆嗦，嘴唇牙齿颤动着，显得局促不安，说出的答案也是含混不清，几乎没有人能听懂。当老师让他坐下时，他才如释重负。但他没有自暴自弃，也从未觉得自己不可救药。而恰恰是缺陷激励着他去奋斗，他并不以自己的这些缺陷来做借口使自己疏懒下去，也从不乞求别人的帮助。罗斯福从来没有把自己看成这样一个可怜虫，对于自己的种种缺陷，他比谁都清楚，他针对自己的缺陷一一加以改正，如果实在没有办法改变，他就极力加以利用。在演说中，他学会巧妙地利用他的沙声、利用他那暴露在外的牙齿，这些本来足以使演说一败涂地的缺陷，后来竟都变成了使他获得巨大成功的不可缺少的条件。经过不懈地努力，他后来成为深受美国人民爱戴的总统。老罗斯福一生的奋斗精神是他一生伟绩中最可贵的资本。看清自己的缺陷，勇敢地改造它们、利用它们，那么缺陷就会被改造成成功的垫脚石。

绝路逢生的勇气

有的人在遭受了大的打击时，认为活着很痛苦，不如死掉算了。其实一个人走向毁灭时，是需要不可估量的勇气的。既然有勇气死，为什么没有勇气活下去呢？的确，求死或许是一种解脱，但正如俗话所说"好死不如赖活着"，只要生活尚存一线希望，也许这个希望很渺茫，也许这个希望永不能实现，可不管怎么说，希望的转机总是存在的。活得辛苦，活得委屈，活得卑微，但只要身体不死，心灵就有复苏的一天，如果一死了之，那么就表示一切都结束了，包括希望也不复存在了。这种死实际上代表着懦弱，代表着失败，在人生的道路上是自己打败了自己。生命需要韧性，在人生的低谷时，好死不如赖活着，就是一种韧性。人的一生中都会遇到不如意的时候，各人承受挫折的能力也各不相同，有的人能很快从打击中挣扎出来，有的人则不堪一击。在屈辱的时候，你不要去计较面子、身份、地位，也不要急着出人头地，要沉得住气，只要活着，就有机会。要坚信，风雨过后，就会有绚丽的彩虹。

如果由于懦弱，使你不敢做一件事，那么在做这件事之前，先预测一下如果做了这件事，它最坏的结果会是什么。有时候做出最坏的打算，可能会唤起一个人心中最大的勇气，他会因而产生一种义无反顾的勇气，去冲破第一次精神上的束缚。一旦有了这种勇气，就可能会在气势上压倒对方，获得绝处逢生的效果。既然我们别无选择，那么不如鼓起勇气做一次冒险，一次冒险比一万次犹豫、无可奈何和绝望都要壮烈。相信谁也不能主宰我们，更要相信谁也无法阻挠我们，相信世界就是因为我们而存在的。这或许就是最后一次了。我们没有理由不加倍珍惜，确实应该从容而理智地去把握。也许我们曾经总是不能痛痛快快地表现自己，但自己不是永远的懦夫！

在人生的道路上，我们在很多时候都需要这种挑战的勇气和精神：挑战传统、挑战权威、挑战大自然、挑战自我，没有挑战的人生，就没有什么乐趣，更不用说什么成功了。人生没有什么迈不过的坎，没有什么越不过的难关，人应当鼓足勇气与邪恶、贫穷作斗争。既然已成事实，就不要去抱怨，奢望命运的公平是遥不可及的单相思，重要的是往前走，哪怕是爬，哪怕是蜗行，哪怕是蘸着自己的鲜血书写人生，哪怕是人生的舞台上自己的表演永远不会让人感动得落泪，都要勇敢地坚持。

莎士比亚说："我们知道我们现在是什么样的人，但不知道我们可能成为什么样的人。"人生中失败是不可避免的。对人对事已尽了全力之后的失败，对失败的结果应该坦然接受。不文过饰非，不怨天尤人，不要承认"我失败了"，而应说"我这次失败了"或"我做这件事失败了"。有时我们总是缺乏勇气。在困难面前退缩，在机遇面前犹豫，在压力面前屈服：所以，有许多理由令我们失去勇气。那么我们不妨把自己"置之死地而后生"，绝境之中，我们的潜能可以被求生的欲望激发出来，往往会产生惊人之举。

如果在过去的日子里，我们总是顾虑重重，总是小心翼翼，总是无法把握，该说的话不敢说，想做的事没去做，犹豫不决就会使我们错过很多难得的机会。

自我尊重

一个人首先要尊重自己。只有尊重自己，看得起自己，才会不惧怕别人，不惧怕和别人交往。人往往意识不到实际上自己是多么有能力，多么有优势！要知道自己也是生活的主宰者，有力量改变生活的任何一面，解决自己的问题只有靠自己。一旦自己砸碎消极思想的锁链，自然会获得健康、幸福、富裕和宁静。当自己闯过一道道难关，再回头看看，现在的磨难其实算不了什么。一定要坚持，越不能坚持越要坚持，黎明前最黑暗，胜利前最绝望，成功前最渺茫。一旦开始体会到了勇敢的好处，以及它所带来的尊严，人们将首次感觉到自己有了把握。其次，要爱别人。只有你爱别人，别人才会同样地以爱来回报你。"投我以木桃，报之以琼瑶。"而当你们都怀着爱心生活和交流时，你和别人彼此都不会有怯懦的心理。

同时还要为自己的能力划一条界线，不要以为自己是超人，什么事都能干，天大的困难也不在话下。为逞一时之能，做事不分轻重，都想自己一个人完成。这样，由于力所不及就会在屡屡碰壁之下丧失信心。你应该为自己的能力划一条界线，估计一下自己到底有多大的能量，能完成哪些事情，然后再去尽力而为。这样，做事的成功率就大得多了。每当我们圆满地完成了一项工作时，不管这项工作重要不重要，不管别人对自己的成功怎么看，只要自己觉得它是出类拔萃的，就应该承认自己的能力，应该为自己的能力而自豪，并为此赠给自己一份美好的礼物，这样就会增进自己前进的动力。这样，哪怕是一点一滴的成功经验的积累，也会逐步激发出我们的自信心，挖掘出自己生命深处的潜能，进而可以逐渐胜任高质量的、有创造性的工作了。

所以不管是在生活中还是在工作中，自我承认、自我尊重都能起到巨大的推动作用。

相信自己，尊重自己，鼓起勇气，轻轻松松地做人，潇潇洒洒地生活。鼓起我们的勇气，在一条漫无人迹的路上，不要惧怕四周茫然，甚至四面楚歌。鼓起我们的勇气吧，从一个新的高度去开创我们辉煌灿烂的人生！

学会从失败中找回胜利

西点不欢迎失败情绪，如果真的失败了，要想办法从失败中找回胜利，以百折不挠的精神拥抱胜利。

失败是成功之母，但是并不意味着后者必然跟随着前者。

失败正如冒险和胜利一样，是生命中不可缺少的一部分。伟大的成功通常都是在无数次的痛苦失败之后才得到的。

放弃，是失败的主要因素。

超越失败

没有一个成功者不是经历了失败而走向胜利的，也没有一次成功不是用血汗和机遇凝结而成的。

在失败的面前，有下面这三种人：

一种是在失败的打击下一蹶不振，从此一生都碌碌无为，成为让失败一次打垮的懦夫。

一种是在失败之后，不知道反省自己，吸取经验教训，却还是凭着一腔热血，勇往直前。这种人做事经常是事倍功半，就算是成功，也经常是昙花一现。这是有勇无谋的人。

还有另外一种人，他们在经受了失败的打击之后，能够迅速地审时度势，做出判断和调整，等到再次具有前进的实力和机会的时候，就全力出击，卷土重来。这种人才是真正的智勇双全，最后的成功是属于他们的。

犹太人有一种二八黄金定律，就是说，如果无勇无谋的人占总数的80％，有勇无谋的人和那些智勇双全的人就只占20％，而在这20％的人里，智勇双全的人又只占20％，如果细分下去的话，那么剩下的真正能成功的人就只有不到1％了。而那些能获得终身成就的人，更是少之又少，真是像消极的人哀叹的那样，犹如凤毛麟角。所谓的智，就是善于总结经验和教训。

在一定的意义上，研究成功要从研究失败开始，超越失败后，你才会获得真正的成功。就像所有人一样，你肯定也有过这样的梦想：在梦想中，你被鲜花和掌声围绕着，为了自己的成功而欢呼雀跃。但是，你却没有实现这个美丽的梦想。尽管你是一个别人眼里有相当实力的人，尽管你是一个有远大抱负的人，尽管你觉得自己很优秀。

失败是成功之母

失败是成功之母，但是并不意味着后者必然跟随着前者，这两者之间并没有什么必然的因果联系。如果失败对你来说根本无所谓，你只要潇洒地摇摇头，告诉自己这不算什么，一切可以从头再来，那么，很可能等着你的还是失败。

　　为什么失败一次又一次，成功却迟迟不来敲你的门呢？有的人现在可能已经喊起来了："因为你没有反省自己失败的教训，没有认真分析自己失败的原因，所以也不知道自己哪些地方需要改进。"对，很正确。"但是这和我创业的失败又有什么关系呢？"

　　其实，你只要仔细地想想就知道了，很多的失败虽然形式和内容不同，但是本质都是一样的。拿破仑认为，这么多的失败主要的原因就是没有认真吸取经验教训，所以也不知道怎么进步。

　　对这种经常遭遇失败的人应该采取的治疗方法是：认真地对待自己的每一次失败，要找到自己失败的原因，在下次进取的时候可以引以为戒。不要好了伤疤忘了痛，如果继续这样做，甚至伤疤在流着鲜血却还不知道。总有一天，你会累得再也无力斗争下去，只有空悔浪费时间。

优秀与成功

　　如果你是一个优秀的人，上学的时候一直是学校里的优秀学生、优秀干部，甚至获得过无数的各类竞赛的奖项。你一直是你父母和你的老师的骄傲，他们在你身上寄托了很大的期望，而你自己也暗暗下定了决心，一定要出人头地，有所作为。但是，你却一再地经历失败，甚至开始对自己产生了怀疑。

　　如果你是一个公认的优秀的人才，而且到现在你还没有成功，那么可能是因为下面的几个原因：

　　（1）你现在的失败只不过是短暂的，只是黎明前的黑暗，只要你咬紧牙关，坚持下去就可以看到成功的希望。成功者不怕失败，但是他们能很认真地对待失败，因为他们从中得到了经验教训，这帮助他们认识到了自己的不足和实力，以便做出适当的调整和对策。要相信，是鹰总要翱翔，是金子总要闪光。

（2）不是根据自己的强项制定目标，或者，你并没有为你的目标付出相应的努力。

世界上从来都没有一个全面的、什么都能做的人才。每个人的生命和精力都是有限的。所谓的优秀只是一个在某方面具有特别突出的才能的人。他成功的领域也只限于他自己特别专长的那一领域而已。这就要求人们必须对自己非常了解，扬长避短，选择最能发挥自己长处的职业，从事对自己最有好处的领域，只有这样才能比别人更快地取得成功。假如别人都认为你是一个优秀的人，而你还没成功，那么你就有必要好好地反省一下，你自己的目标同你的特长是否相符。如果不是，你就立刻改变。

反省后，也许你会发现你的特长同你的目标是一致的，那么，你还要看自己是否对奋斗的目标付出了相应的汗水。这一点经常被那些自认为很优秀的人忽视，他们总是想，自己很优秀，所以不用比别人更用功就能得到回报。这对于那些学习上的东西可能是对的，但是对于你要奋斗终生的事业来说，就不是这样了。除非你是一个天才，具有别人永远也不能及的天赋和才干。所以，你要是想成功，就要付出比别人更多的努力。

（3）孤芳自赏，不能处理好同你合作者之间的关系。

合作产生的力量是不能忽视的，而分裂就会导致退步，一个人的才能和努力毕竟是有限的，个人的成就不单单通过自己的努力达成的，它离不开别人的合作和帮助。但是，很多的优秀人才都恃才傲物，用一种居高临下的心态看着别人，这个习惯很容易让别人讨厌而使自己陷于孤立的境地。一旦因为你自己的无知而伤害了别人，那么你就再也不能得到别人的帮助了。

如果你是一个狂傲的优秀者，你就必须做出改变，改变你的目中无人，你要时刻提醒自己，得道多助，失道寡助。

（4）你的感觉还不够敏锐，你还不擅长主动地创造机会并及时地抓住机会。

拿破仑认为，只要你善于把握，你总能遇到成功的机会。成功是一个能力、奋斗和机会的综合体，哪个都不能缺少。许多天赋比你还高的人，每天都勤奋地工作着，但是却仍然穷困潦倒。那就是因为他们不会主动地寻找机会，也不擅长及时地抓住机会。

总之，如果你确信自己是一个优秀的人，并且迫切地希望自己能够成功，那就不要因为目前的失败而气馁，你坚持下去，仔细地考察你的目标是否适合你，然后决定自己的下一步该怎么办，是否已经为了这个目标付出了努力，自己是不是一个受到别人尊敬的人，是否能够为自己创造机遇、抓住机会。这些方面中如果有些地方存在不足，你就应该注意改进，只要你这样做了，你就一定能战胜失败。

失败的好处

失败正如冒险和胜利一样，是生命中不可缺少的一部分。伟大的成功通常都是在无数次的痛苦和失败之后才得到的。大剧作家兼哲学家萧伯纳曾经说过："成功是经过许多次的错误之后才得到的。"

享受工作的乐趣，便是靠近未来的成功，忘掉过去的失败。把错误和失败看作是学习的一种方法，然后就把它们逐出脑外。

有一种人常常回想过去的失败，忘掉了过去所有的成就，因此失去了自信心。他们记住失败的情景，还情绪化地把它种在心里。从未成功的人总是为每一次的失败自责。相反，遭遇挫败但不气馁的人却能明白过去犯了多少错并不重要，重要的是能不能从每一次失败中汲取教训，希望下一次能有较好的表现。

我们应将生活中的各种不利因素当作改正的方向。我们应将失败化为动力，那么我们应该：

（1）诚恳客观地审视周围的情况，不要归咎于别人，而应反思自己。

（2）分析失败的过程和原因，重新制订计划，采取必要的措施，以便改正。

（3）在重作尝试之前，想象自己已经圆满地处理工作或者妥善地管理下属的情景。

（4）把那些打击自信心的失败记忆一一埋藏起来，作为未来成功的肥料。

（5）重新出发。

或许你要再三试行这五步，然后才能如愿。重要的是每尝试一次，你就能够增加一些收获，并向目标迈进了一步。

坦然接受批评并不容易。我们都怕出错，自小师长便教导我们犯错不好，它会使我们失去亲朋的疼爱，但是我们可以学着不受情绪左右。

受到批评，不要失望、不平或愤怒，应该把精力用在制订一份明确的计划上，从此来消除批评重新开始。与有关的人讨论你的计划，不要浪费时间用来消除批评和抱怨，应该共同努力，共同解决问题。

有时候我们又会说："这都是我的错。""我什么事都做不好。"如果是我们的错，自责是对的，但明明不是我们的错而强要自责，就是自杀性毁灭。过分自责的人内心常有"我是笨蛋，我是失败者"的想法。这样一来，下次你又会犯同样的错。你会相信自己的确是笨蛋，根本就不想再试一次。奇怪的是，我们的确能安于失败。的确，不费脑筋的自怜要比绞尽脑汁分析自己，思考着下次如何成功来得容易。

另外，如果你不愿承认，你便会千方百计地掩饰错误。隐藏的错误将会成为你工作中的定时炸弹，甚至会危害到你的人际关系及公司本身(尤其如果你是主管人员的话)。掩饰错误就像掩饰癌症一样，将导致整个机构的瘫痪。如果有责任心，你就应勇于认错。你应该对自己说："我的能力不只这些，下次我会表现得更好。"或"我没考虑周全，以后我会注意这件事的。"这就是"从错误中学习"的涵义。

逆境中可能发生的危险只有一个：不恰当地指责自己。你在一开始以一个失败者自居，那你就会真的成为一个失败者。"你认为自己是什么样的人，那你真会成为那样的人。"这句格言在此处同样适用。

不论发生什么事，决不能把自己看作失败者，相反你要阻止消极的思想侵蚀你的心灵。不要落入抱怨的陷阱，变得忧虑、蛮横或愤世嫉俗。身处逆境，最重要的是不要与其他失败者为伍。不幸的人喜欢结伴同行，你那些什么也做不好的同伴也不愿看你脱离苦海，他们希望你和他们一起沉沦下去。

只有放弃才会失败

一位年轻记者问爱迪生："爱迪生先生，你目前的发明曾失败过一万次了，你对此有什么感想呢？"爱迪生回答说："年轻人，你人生的旅程才开始，让我来告诉你一个对你未来很有帮助的启示吧。我并没有失败一万次，我只是发现了一万种行不通的方法。"

爱迪生发明电灯时，共做了14000次以上的实验。他发现许多方法行不通，但还是坚持做下去，直到发现了一种可行的方法。

除非你自己放弃，否则你不会被打垮。伟大的希腊演说家德漠克利特因为口吃而自卑羞怯。他父亲留下一块土地，想使他富裕起来，但当时希腊的法律规定，他必须在声明土地所有权之前，在公开的辩论中战胜所有人才行。口吃加上害羞使他一败涂地，丧失了这块土地。从此他发奋努力，创造了人类前所未有的演讲高潮。历史忽略了那个取得他财产的人，但他的演讲却千古流传。不管你跌倒多少次，只要再站起来，你就不会被击垮。

失败之后继续坚持，继续努力，你就会成功。

"菲亚特"是"意大利都灵汽车制造厂"的缩写。90年的创业史，历经坎坷，菲亚特从小到大，从国内到国际，靠的就是这种坚韧不拔的精神。

菲亚特的创始人老阿涅利在都灵办厂时，许多大名鼎鼎的经济学家嘲笑他，"汽车只是少数贵族人家的奢侈品，根本就没有前途"。但老阿涅利却毫不动摇，坚持办厂。

如今，有2000多万辆汽车在亚平宁半岛上行驶，更多的车辆行驶在世界上的每一个角落，事实证明了老阿涅利是对的。乔瓦尼·阿涅利在继承了家业的同时，也继承了他祖父这种坚韧不拔的奋斗精神。20世纪70年代初期，西方爆发了能源危机，汽车工业更是首当其冲。阿涅利在严峻的现实面前不断探索出路，勇于开拓，针对能源短缺的问题，绞尽脑汁研制低耗油车；针对市场萎缩，他想方设法降低生产成本，最后，菲亚特以竞争性的价格战胜了他的对手。

失败很难让人坚持下去，而成功就很容易让人坚持下去。

美国前总统柯立兹曾写道："世界上没有一样东西可以取代毅力，才干也不行，怀才不遇者比比皆是，一事无成的天才很多；教育也不行，世上充满了学无所用的人。只有毅力和决心才能无往而不胜。"

毅力可以克服失败

当你继续迈向高峰时，要牢牢记住：每一级阶梯都供你踩足够的时间，然后再踏上更高一层，它不是供你休息的场所。我们在途中难免会疲倦、灰心，但就像世界重量级拳击冠军詹姆士·柯比常说的："你要再战一回合才能获胜。碰上困难时，你要再战一回合。"每一个人的内在都有无限的潜能，但除非你知道它在哪里，并坚持用它，否则一切将毫无价值。世界著名的大提琴演奏家帕柏罗卡沙成名之后，仍然坚持每天练习6小时。有人问他为什么还要这么努力。他的回答是："我认为我正在进步之中。"

我们必须努力工作才能把握住伟大的工作。每一位推销经理都会告诉你，每一个"不"的回答都让你愈来愈接近"是"的目标。"黎明之前总是最黑暗的。"这句话不假，只要你努力工作，发挥你的技巧与才能，成功总有一天会到来。我要指出的是，即使你成功的那一天永远没有到来，你仍然是个大赢家。因为你已经有了知识，也懂得如何面对人生了，这便是更大的成功。

鲍伯·理查是一位奥运会的金牌得主，也是美国最伟大的演说家之一。他特别强调跟人交往能得到灵感，他还说奥运会上的运动员们屡屡打破世界纪录，那是因为他们处在一种伟大的气氛之中。世界各地来的年轻好手，见到其他选手一再打破纪录时，每一个都会有这样的想法"创造自己的最佳成绩"。

人在最佳的状态下总会有惊人的成就。理查又指出，银牌得主在一起同样也会受到激励。

许多懒惰的人在心理态度方面都存在问题。他们不会在工作或职业上使出全力，觉得如果尽力而不能成功的话，就会很丢面子。他们的理由是，既然没有尽力，失败了也可以找到一个好借口。他们并不认为自己失败，因为他们从未认真地去对待这件事。他们时常耸耸肩膀说："这跟我没关系。"许多工作者都是这种语气。

做自己的对手

我们知道，在成功的旅途上，我们不仅要承受外界的压力，还要承受自身的挑战。自身是我们成功与否的最大"敌人"，需要靠我们去直面。因此，我们要敢于做自己的对手，战胜自己。

首先，要在心理上做自己的对手，我们要有信心，要自信可以战胜挫折。有了这种信心，才会有成功的可能。

其次，我们应该不断地对自己原有的成功提出新的挑战，不要躺在成功的温床上不求进取。今天的我们要超越昨天我们所做的。我们要尽最大的能力去爬今天的高山。明天我们要爬得比今天还要高，后天爬的比前一天还要高。超越别人的事业并不重要，超越自己已有的事业才是最重要的。

我们应该时时以自己为对手，战胜自己，面对自己。就像前面说过的，我们要不断地为自己创造一些危机或挫折情境，这样，才能让自己越来越强大，永远立于不败之地。

要最终战胜挫折，首先需要的是勇气，有了勇气之后才会有信心，才会采取下面的行动。碰到挫折，不要畏惧，也不要回避，要勇敢地正视它并把它打垮。任何事情，只要敢于尝试，都会有所收获。那些成功者都认为如果因恐惧失败而放弃任何尝试机会，那么就不能成功。没有尝试就不知道事物的深刻内涵。

勇气在战胜挫折中很重要，那么如何使自己有勇气，如何消除胆怯心理呢？让我们看看魏特利博士提出的几点建议：

（1）要有渴望成功的原动力

研究事业成功者的发展道路，你就会发现他们大多数属于那些不满现状、不断进取的人。

（2）粉碎自我小天地

在社会上，许多人很偏爱自己的小世界，把自己关在与外面世界隔绝的象牙塔中孤芳自赏，这种人必然会有畏首畏尾的思想，以消极的态度去面对外部世界。一旦走出象牙塔，加强和外部世界的联系，自然就可以发现原来这世界是丰富多彩的，你就会找到自己的勇气。

（3）借鉴别人，创造个性

做任何事情，我们需要的是勇气，决不是鲁莽。只有在吸取前人的经验，利用前人经验的基础上，才能激起自己的勇气，才会有突破求新的勇气，只有不断地学习才能丰富自己，才能做到"艺高人胆大"。

（4）经常实践

实践出真知。没有亲身经历，就不知道自己的理论是否可行，因此，实践越小，就越会心虚，遇上大事就会顾虑重重，从而渐渐失去勇气。

第四篇 军事化管理，打造有勇有谋的巨人

成大事当有勇有谋

利器在身，自然无畏于天下！

抽筋活血，脱胎换骨

西点军校精英训练营的军事素质训练堪称"抽筋换血、脱胎换骨"，任何闯过这一关的学员都将练就施瓦辛格式的健壮体魄、铁血英雄兰博式的坚强意志，他们能在高负荷的状态下快速地完成任务，能在极端疲劳的情况下超极限地进行作业；他们在这一训练中练就了排兵布阵、进攻、防守、撤退、掩护、组织培训、调配资源等这些战场上的军事技能。过了这一关，他们基本上就可以在真实的战场上冲锋陷阵了！同样他们也具备了在商场上东挡西杀的优秀素质。

大凡英雄义士、胜者豪杰，都是有一定的本领的。他们往往都有着良好的心理素质、优秀的专业技能和锐利的制胜工具。强大的敌人，他们的攻击力越大，相对的，他们的"本事"也就越大，更有甚者可谓"武装到了牙齿"！因此，要想战胜生活中的"敌人"、商场中的"敌人"、情场里的"敌人"、战场上的"敌人"，你都必须狠狠地训练自己！千万不能姑息和迁就自己，因为那样你终究会蒙羞而不能雪耻、战败而不能全身！振奋精神吧！扫尽萎靡，加入到西点的精英训练营，将自己的"零件"重新拆装，打造一个全新的自我！

明确目标，奋力竞争

西点体能训练的座右铭是："每个学员都是运动员，每个运动员都要奋力拼搏。"因此，西点要求在校的每个学员必须成为某个运动项目的运动员，必须参加一项运动的校代表队，或参加专项运动俱乐部锻炼。全校有1/3的学员参加校际运动竞赛的代表队。每一名西点人都必须拥有健康的体魄，这是其日后成为领导者必须具备的基本条件。

西点很清楚，在体育运动中开展竞争是很容易的事情。学员们来到西点无不渴望挑战，无不渴望在群英荟萃的地方再上一层楼。西点的历史和现实也确实创造和不断扩大着强有力的、催人上进的基因。问题是要设法引导和帮助学员保持和发扬一种健康的、积极向上的竞争心态。因为竞争往往有可能变成破坏因素，人们为了在竞争中获胜可能置个人的诚实标准于不顾，把整体对个人的同情心、关爱情置诸脑后。因此，西点对人与人之间的竞争因势利导，尽可能地规定出一些切实可行、不轻易变动的竞争标准，让学员向着标准用劲，而不是与同伴相争。

西点的竞争是规范化的竞争，不是那种矮子里面找高个的竞争。在体育运动上，西点向学员提出一系列明确的目标，让他们接受这些目标的挑战，而不是让他们去和自己的同学争高低。

学员行为准则的制定实施，为学员每时每刻的竞争创造了健康的环境。学员必须在准则允许的范围内竞争，竞争也必须符合荣誉准则的要求。竞争是向规定的目标、标准努力，不是那种一个桃子你抢我夺的破坏性竞争。体育比赛中确实存在"只有一个最优秀"的现象，但多数项目也有明确的标准。达到标准的优胜者才是真正的优胜者，超过标准的优胜者是杰出人才，而达不到标准的优胜者，虽然得了第一，也将被告知：继续努力，不予奖励。

高强度训练

西点军校的体育活动充满了挑战性。在通过体育发展计划培养学员的身体技巧、运动协调功能、对抗性及自信心等素质以外，西点特别强调培养学员的挑战精神，他们将通过有效的体育运动，打造学员直面艰难、抗衡强大、无所畏惧的挑战性格。

西点开设的体育项目注重对抗性，一般不引进缺少对抗性的项目。而对抗性项目，尤其是身体对抗性较强的体育活动，总是能在西点找到热烈的响应者、实践者。

西点军校对体育十分重视，从校长到学员无一例外，甚至连陆军部和美国总统也时时关注西点的体育活动。全校会把重要赛事的失败当作一场灾难。同样，赢得胜利时，他们会欢呼雀跃，甚至会违反某些禁令，举行庆祝活动。也只有在这个时候，西点军校"铁的纪律"才稍有放松。

为了通过体育运动培养学员的挑战精神，振奋军校的士气，播扬军校的威风，西点军校对于校际体育活动有一个内定的目标，力争参加比赛能有所作为。例如与其他兵种军官学校进行比赛要争取有75％的场次取胜，至少要有50％以上的场次取胜。西点按照这个目标设计和组织体育活动，各级教练员、管理人员和领导人员均应予以支持。

西点军校的体能训练十分广泛，几乎囊括了所有的竞技性体育项目。在西点军校，体能训练起着更重要的作用。由活动而昭示、而激发、而唤起的精神素质是西点体能训练的更为重要的目标。

据说在运动场上，特别是在身体冲撞接触的体育项目中，养成的技巧和态度对学员将来经受更加严峻的战斗考验大有裨益。学员将学会取舍，养成集体精神，懂得为全队而"全力拼搏"的必要性。

西点军校的体育发展计划，将通过加强基础体育教育、体育技巧教育和提高领导能力的综合运作，以四年的时间，采取多层次的运动竞赛，达到提高体质的根本目标。

在一年级的基础训练中，增强身体部位的调节功能是西点体育计划的开始。在第一学年中，学员将开始接触各式各样的个人体育活动计划——格斗、游泳和体操训练等，用以培养自身的基本身体技巧，并为四年的生活打下坚实的基础。这一基础训练计划的核心是动作技巧、自信心、进攻性、勇气和自我约束的训练，它包括拳击、角力、自己训练在内的格斗训练，将与特别技巧的获得，以及精神自制能力的培养融为一体。格斗训练有助于学员在性格和身体素质上形成进攻趋向和自信心。救生和基本游泳训练将向学员传授有效的水上活动技巧和能力。体操训练则为学员创造学习所有与体育和体力对抗活动有关的运动技巧的机会。

在二年级的训练中，强化调节身体功能的内容仍然继续，但有所变化和发展。学员应在第一学年养成的技巧、体力能力和自信心的基础之上，学习从事有益终身的体育活动，掌握更高、更新的技巧、技能，同时，他们还要学习运动心理学和营养学等必修课程，增强理论知识。

从第三年开始，在不断开设维持军官终身健康课程的同时，西点军校重点开设领导能力发展课程和具有特别严格要求的军事技巧训练课程。学员体质的全面发展将因夏季参加对身体有特别要求的别动队训练和空降训练而得到加强。

在整个四年体育计划中，每一位学员都将接受一系列的身体素质训练。这将为每位学员提供加强其身体素质水平的定量指标和刺激其身体素质发展的出发点。身体素质标准建立在世界体育科研成果和多年来对大量学员进行测验所得出的数据基础之上。男学员的身体素质标准将被定期地与他们将任职的野战部队的要求作对比分析，这种做法的目的是使学员的身体功能达到足以领导部队体质发展计划的水平。

在参与四年身体素质发展计划的同时，每位学员还必须参与校内、校际或课外俱乐部活动的四年运动计划。学员，不论男女都要在具有对抗性的体育活动项目中,选择适合自己的活动内容。军校根据学员数量、必需的技能、现有设备条件和经济资助能力确定运动队的组建数目。60％的学员要加入有对抗性竞赛任务的运动队,参与同美国大学体育协会中其他大学运动队的竞争。

校际、校内和校外俱乐部运动竞赛计划是培养学员竞争和集体精神以及求胜意志的载体。同时,让学员管理校内竞赛,充当校际和俱乐部运动的指导,有益于培养学员的领导能力。让每位学员投身于最高水平的竞赛,从中受到挑战,是西点所有竞赛计划的基本原则。

西点的"兽营训练"、"别动队训练"、"空降训练"、"野战营训练"等极其残酷,它比起在日本、德国、美国某些"魔鬼训练工厂"还要"魔鬼",只不过西点是一个"理智聪明的魔鬼"!

野兽营里一律平等

不管从前的身份和地位如何,在野兽营里都毫无例外地一律平等,无论是谁,都是来这里被训练成"兽"的。

野兽营对人的折磨和不合常理的训练的最终结果,不仅使人能驾驭时间,而且能在受到极端压力的情况下,迅速做出决定,积极采取行动。

野兽营培养的人能以特殊的方法处理事情,没有经过此番训练的人是无法效仿的。

与野兽共舞

西点军校从来不怀疑"兽营"的价值。在来自各方面的、不断发生的批评之中,西点坚信"兽营"对造就学员意志品质和体能有着极为重要的作用，但同时也认识到"兽营"确有一些过火行为，并逐步加以改正。进入20世纪70年代，西点已宣布"兽营"为人道的"兽营"。不过，他们仍然不去掉那个"兽"字，人们仍可想象其训练的强度和紧张到让人喘不过气来的程度。

从每年7月第一周新生进校之日起，被称为"最折磨人、最难熬的""兽营"训练便开始了。时间为8周。新学员最初训练的某些部分同陆军新兵的基础训练有共同之处，如体格达标训练、基础操练、熟悉步枪，失去自由自在、轻松舒适的特权和机会等。然而，在学员生活的最初阶段，其紧张的程度、训练的强度要比陆军基本训练提高好几倍。自从1901年国会立法以后，直截了当、毫不掩饰的肉体虐待在军校里是被禁止了，但禁止令无法阻止那些负责检验新生本领和能力的高年级学员从各方面去折磨新生。他们向新生提出种种苛刻任务和要求，把他们折磨得身心憔悴、疲惫不堪，从而使每个新生懂得，不管他们从前的身份和地位如何，是中学的班干部，或是州级运动员，甚至是历经战火硝烟的老兵，现在都毫无例外地一律平等，都是来这里被训练成"兽"的。新生们必须"挺住"、"熬过来"，证明自己是合格的，只有合格了训练才算告一段落。

在兽营中用餐都必须端正坐好，椅子坐一半，背部挺直，双脚平放地面，两眼注视餐盘前缘，不得胡乱张望。每次只能吃一小口食物，而在食物入口之后，必须先把叉子放回餐盘，双手放在腿上，然后才能开始咀嚼。用餐当中不准交谈。

用餐时由各班班长担任餐桌指挥官，执行新生的用餐纪律。餐桌指挥官常常会向新生提出问题，而学员必须一字不差地背出标准答案。例如餐桌指挥官问道："母牛怎么样？"(意思是还剩多少鲜奶)学员必须回答："报告，母牛会走会说话，一肚子白水。从母牛身上取得的乳汁非常充沛，达到第X级（第X级指的是桌上还剩多少盒鲜奶）。"

这些规矩能够迫使新生从最基本的层面重新思考他们的言行。他们的个性也从极度自信、有把握，转变为多观察、多质疑、多思考。我们为新生所做的准备，是要改变他们的一生，这些规矩同时也教导他们领导训练第一阶段中最基本的技巧，也就是自制。

在"野兽营"期间，新生必须吸收大量的资讯，学习日常作息，学习遵守一切规定，甚至连思考的时间都没有，更不要说选择的自由了。他们在进入西点之前，从没有经历过对权威如此绝对地服从，许多人的确也对新环境感到难以适应。然而这些训练都是细心设计、具有建设性的过程，目的在于激发两个看似矛盾的行为：服从与创意。

西点虽然要求服从，严格限制学员的个人选择，但同时也留下刚好足够的空间，让他们能够发挥创意。西点的体系不同于真正的高压政权，高压政权不仅压抑个人创意，甚至视创意为违法，但是在西点，服从主要是一项考验，学员若能成功地通过这些考验，即可达到自律自制，以及更大的自主独立，使他们日后能够成为不被近利所惑、高瞻远瞩的领导人。

西点相信，有些时候领导人有责任明确地告诉部属该做些什么，而部属也有责任确确实实地完成交办任务。西点的领导人要求新生专注于所听到的指示和命令，专注于眼前的工作，而不是一边做着白日梦，想晚餐吃什么，什么时间要练球，有什么新电影了。新生必须专注于所接获的命令，同时迅速、确实、果断地行动。他们必须学会怎么去听，如何听得仔细，听得专心，听清楚每一个命令的一字一句，把它当作性命攸关的大事。

将军在兽营

下面我们不妨看一下几位将军在兽营中的经历。

麦克阿瑟没有想到，他一入学就受到了严酷的"磨练"。高年级学员并不因为当时美国各报争相宣传其父在菲律宾战场上的赫赫战功而对他另眼相看，在训练快要结束的时候，强迫他做下蹲、单杠、俯卧撑等动作，一做就是一小时，并宣称让他为驰骋于菲律宾战场的将军父亲争光。待麦克阿瑟摇摇晃晃走进自己的帐篷时，身体已经不支，一下子瘫倒在地上。同住的另一位新学员弗德里克·坎宁安认为他得了严重的痉挛，因为他四肢抖得厉害。麦克阿瑟让坎宁安在他身下垫一条毯子，以免别人听见他双脚敲打地面的声音。第二天早晨，他感到浑身无力，坎宁安让他去请病假，他却仍然坚持去操练。此举受到高年级学员的称赞。但坎宁安无法忍受这种"折磨"而愤然退学，并在《纽约太阳报》上匿名发表文章谴责此事。

当时的美国总统麦金利下令国会组织专门调查委员会进驻西点调查此事。麦克阿瑟采取了一种很有气量、轻描淡写的态度，回答调查人员说："像所有类似的事情一样，开始只不过是一件小事，渐渐地小题大做，越吹越大了。我所受的侮辱并不严重，也不能说他们是有预谋地来伤害我。我根本没有因为受了伤害而身体不适。"他坚决否认曾发生过痉挛之类的事。对侮辱他的老学员究竟是谁，他也保持沉默。从此，麦克阿瑟开始引人注目，高年级学员再也没有欺负和刁难他。

当过美国总统的艾森豪威尔刚到西点很不习惯，最难以忍受的是高年级学员随意发出的指令。在炎热的阳光下，口令声声："挺胸！收腹！再挺一些！再挺一些！抬起头！下巴往里收！动作要快！快！"简直令人无法忍受，但又必须忍受。好在艾森豪威尔目标远大，知道西点在培养"真正军人的品质"，在培养"伟大的格兰特"，要把学员塑造、锤炼成优秀的军官。思想上的认同和准备，使艾森豪威尔进入第二个月训练后，就不再感到过分吃力了。

西点军校一代代传下来的对低年级学员的折磨，到史迪威这一届当然也不会幸免。诸如要新学员蹲在一支立起的刺刀上，要他们长时间伸直臂膀举枪，捆住大拇指吊起来，头朝下倒立在盛满水的澡盆里，大热天让他们裹上毛毯、雨衣捂汗，冷天裸身跑步……过分的、难以忍受的花样很多。有些学员精神上受到沉重打击，有些学员则"百炼成钢"，获得自由。

一位1962届的毕业生说："西点军校是培养辛辛苦苦、忙忙碌碌的学员，军校对他们进行的就是这种训练。但是，在辛辛苦苦的过程中，他们是发挥了作用，并圆满地完成了任务，做好了工作。许多没有经过兽营训练的人也同样辛辛苦苦地工作，也许他们辛辛苦苦的程度更大，然而，他们却没能充分发挥作用，完成任务的情况不如经过兽营训练的人好。"这位学员回忆说："在20世纪70年代初期以前，新学员常常要经受一系列古怪无聊的训练，其中就有根据学员头头的命令快速更换制服。而正是这种快速更换制服的做法突然使我的心情平静下来。因为我意识到我是在学习新事物，练习我不会做的事情。这时，对我来说，兽营开始变得好过一点了。我确实不能在30秒内更换衣服，为了达标，我在那儿拼命地练，我确实是这么干的。在外界的强大压力下，我开始动起脑子来。有时我也想，既然无论如何我也做不到，为什么还要把自己往死里逼？但咬咬牙，又鼓起了勇气。我想每个人都要经历这个过程的。军营定的标准是有道理的。……我在兽营学到的东西对我后来在战场上的价值是无法估量的。……起初，他们不间断地催着你干，逼着你干，以致你都无法开动脑筋，但经过一段时间之后，你的大脑便能够开始工作了。"

在许多西点人看来，西点军校对人的折磨和不合常理的训练的最终结果，不仅使人能驾驭时间，而且能在受到极端压力的情况下，迅速做出决定，积极采取行动。他们认为，西点军校培养的人能以特殊的方法处理事情，没有经过训练的老百姓是无法效仿的。

西点人喜欢将他们作为新学员在"兽营"度过的8周以及随后在学员团的活动，看作是他们区别于普林斯顿、达特茅思、哈佛、耶鲁等美国东部地区名牌大学学员的主要特征。他们认为，西点是理所当然的名牌大学，其优于其他名牌大学的地方在于正常的学术要求之外附加了严格的军事要求。在20世纪70年代，西点军校机械系主任弗雷德里克·A·史密斯上校始终认为，"兽营"的严酷环境和对学员生活上的军事要求，非但没有限制、相反还促进了西点军校学术环境的形成。

史密斯上校说："每个西点军校的学员都必须完成新生制度的训练计划，为此，他不得不作为一个一年级学员在兽营里受煎熬，找窍门适应兽营的环境，否则就呆不下来。没有其他哪一所院校会将其学员置于这种压力之下。"结果，留下来的成了精英，成了不只具有高智商、高知识水平，而且是具有能够适应各种艰苦险恶考验的人。

兽营的完美

西点学员每天都要检查服装仪容，包括皮鞋、扣环擦亮、上衣正确扎进裤子或裙子、衬衫衣叉和裤缝对直成一条线。

有一位西点学员，他说在野兽营期间，曾经有一次来回向班长报到了12次，才通过服装仪容的检查：每一次他到了班长房间，都有不能通过的地方，头发没有梳好、皮鞋碰脏了、衬衫后面的衣摆露出来了、某段新生知识没有背好等，每次都得回寝室去重新整理。

对于这位新生和他的室友来说，这变成了一项挑战，他们决心要帮他弄到完美无缺，让班长挑不出毛病来。他在班长房间和自己寝室之间来回地奔跑、复检，变成了一场游戏。但大家都知道这场游戏的最终的目的是使他达到完美。

这位新生第12次向班长报到的时候，班长看到他背上有一根头发，大概是梳理的时候掉下来的。不过班长告诉他不用再回来复检了。而他也有他的乐趣：他让班长愈来愈费劲才能挑出他的毛病。

西点学员不仅要遵照一切的命令行事，而且每一件事都必须做好。如果做不好，长官会非常严厉。例如长官会说："皮鞋很亮，但是服装根本不及格。"如果长官认为你不够尽力，就像前面所说的那位新生，他会逼着你不断改进。

新生面对这么多的要求，有时候不太可能每一件事都做到尽善尽美，因此他们开始学会判断各项工作的轻重缓急，在重要与次要的事情之间取得平衡。只要专心于任务的细节，就能够应付内心的压力。

面对着压力沉重、情况危急的环境，例如像战斗，领导人绝对不可能事事都做到完美，虽然完美对他们来说不是最巅峰的状态，但是平日的训练使他们对于追求完美已经习以为常。他们必须在最短的时间内找出可行的办法，决定轻重缓急，将有限的时间做最好的安排。

兽营的春天——折磨背后的奖励

西点对学员有着近似非人的折磨性训练，同时也有对他们的奖励，但不会像发糖果那样统统有奖。而是慎选奖励的时机，表扬确实能够强化学员良好行为的事迹。

虽然西点新生很少获得外来的奖励，但是一年下来各方面的要求也会逐渐地放松。例如进餐的严格规定，在野兽营结束之后，就放宽多了；新生前半年寝室里不准有收音机，六个月后就可以了。而在新生比较熟悉军校的各项规矩之后，学长通常也不会再处处为难他们。

不过新生最大的奖励，是在学年结束时的升级典礼。将近一整年的时间里，学长对新生都保持着专业上的距离，对他们的称呼都是先生或小姐，新生对他们也都必须称呼学长。经过一年之后，学长终于和新生齐聚一堂，不管他们是深受爱戴、令人畏惧或被新生深恶痛绝，现在都热忱欢迎新生加入高年级的行列，询问他们的姓名，跟他们交起朋友来。西点人大都记得这一刻，一年来他们听命于学长，处处以学长为典范，这一刻终于获得他们的接纳和认同，成为他们的一分子，这是意义多么重大的一刻。

自从踏入西点校门的第一天起，新生一直在为这个奖励而努力，那就是同僚的尊重与接纳。

西点要求服从不是刁难，而是专为发展自我而设计的一套训练。加以技巧、决心和毅力，新生终能融入群体，成为大我的一分子。

兽营的温柔——细节的力量

对领导人而言，熟知细节是最佳的训练，尤其是面对紧急、影响重大的事情，这些知识更是管用。诚如前任西点校长潘模将军所说："细微末节最伤脑筋。"也就是说，即使是最聪明的人设计出来的最伟大的计划，执行的时候还是必须从小处着手，整个计划的成败就取决于这些细节。

美国法学家霍姆斯曾经写过《每一个细节背后的伟大力量》。西点也深信细节的力量，因此一再强调必须熟知每一个细节，从背诵一些小事、擦亮扣环，到M—16的构造和使用。

胡佛执政期间，1932年5月，25000名第一次世界大战的退伍老兵请愿，要求给予"退伍军人补助金"。政府与之多次对话，但互不相让。最后胡佛拒绝了退伍兵的一切要求，并于7月28日出动军队将退伍兵们强行赶出了华盛顿。但事情并没有解决。富兰克林·D·罗斯福上台后，退伍兵们又以更大的声势来请愿。同样，几次谈判未果。最后，罗斯福与其夫人埃利诺商定由埃利诺出马。埃利诺与总统助手路易斯一同前往，到了退伍兵聚集地时，埃利诺让路易斯留在车上，她独自一个人下了车，没有丝毫犹豫地踏着齐踝深的泥水，微笑着向退伍兵们走去。退伍兵见到满身泥水的总统夫人，倍受感动，忙过去把她扶了过来。埃利诺询问了他们的疾苦，倾听了他们的诉说，气氛非常融洽。他们还一起唱了歌。最后，退伍兵们做出了让步，问题得到协商解决。

关于小细节问题，拿破仑·希尔有一个小窍门儿，拿破仑·希尔总是努力地记住别人的姓名，每当他叫出那些自以为在领导眼中很不起眼的人的名字时，这些人无不为皇上知道自己的名字而受宠若惊，干劲倍增。

帕金森说过："注意小节有时能点石成金。"

善用细节的威力

西点精英训练营有一个非常戏剧化的训练，让学员充分了解到他们的工作最终会有什么样的结果。新生手持装了长刺刀的步枪，声嘶力竭地高喊：

"刺刀的精神是什么？"

"杀敌！"

士兵必须作战，带兵的人则必须确保士兵的性命不会白白牺牲。布瑞德利将军(Omar Bradley)曾说："二次大战期间，我们抵达莱茵河的时候，我并不见得知道怎样建造桥梁，但是我知道相关的事情有哪些。我让筑桥的工兵能有足够的时间和补给，这一点是非常有帮助的。"能够对工作了如指掌，那么领导的责任愈加重，对自己的帮助也愈大；尤其是升到最高职位，必须负责主导全局、领导整个机构的时候，情形更是如此。

学习细节也让学员了解到：追求完美并不困难，就像擦鞋一样易如反掌。只要你学会了把鞋擦亮，对于更重大的事情，同样可以做到尽善尽美。西点努力训练学员养成追求完美的习惯，从而使这已习惯变成像呼吸一样的本能反应。

背诵"新生知识"是西点领导训练中一个行之久远的办法。这套冗长固定的"新生知识"，除了记住会议厅有多少盏灯、蓄水库有多大的蓄水量之外，还包括日程和行事历。

新生都要轮流报日程——站在走廊的时钟下面，大声清楚地报时，"距离晚餐集合还有五分钟。穿上课制服。我再重复一次，距离晚餐集合还有五分钟……"

报日程的时候如果有任何错误，学长都会过来质问，甚至导致新生最害怕的处罚，也就是报行事历。听到这个命令，新生必须背诵出当天相关的讯息：包括日期、值星官姓名、重要的运动或电影，一直到距离未来的重大活动还有多少天；最后的高潮是距离应届班的毕业典礼还有多久，"报告，距离毕业典礼还有两百一十五又几分之几天。"

这样的技能训练乍一看微不足道，但长期坚持下来的作用却是非常巨大的。它能够使学员练就非凡的记忆力和认真细致关注细节的良好习惯，它能够使学员在繁忙、紧张、急迫、险恶的情况下无意识地、得心应手地应对各种问题。

来自基础训练的体验

美军把新兵入伍基础训练分为两大部分：前半部分为"基本战斗训练"，时间为9周；后半部分为"高级单兵训练"，就是对准备担任不同岗位工作的军人再进行一定时间的专业训练，也就是要把经过基本训练的军人训练成军中精英。此训练的任务宗旨是：为陆军培养训练有素、纪律严明、积极进取、身体健壮、恪守陆军价值准则、发扬团队合作精神的伟大军人。

基本战斗训练分为三个阶段：第一阶段称作"红段"，时间3周，主要训练内容有：介绍部队情况；基础价值观训练；体能训练；团队发展课程；普通科目(怎样对付核武器、生物武器和化学武器进攻、认识地图、战地急救、通讯、人际关系等)；白刃战训练(攻击课程，拳术)；军操和仪式训练等。

第4—6周为"白段"，训练内容主要为：基本步枪射击；露营；体能训练；赤手搏击；价值观训练等。

"蓝段"是指第7—9周的训练，主要有单兵战术和单兵运动技术训练；最后的陆军体格达标测验；最后的阶段测验；信心课程；价值观教育以及连续4昼夜野外包括10公里强行军、夜间情景训练、班战术等带有综合检验性质的"胜利大练兵"。新兵在每个阶段训练结束时都要进行严格的测试，合格者方能进入下一阶段的训练。对成绩差的，要实施"第二次机会"训练计划。三个阶段都合格的，毕业进入高级单兵训练，不合格的则被淘汰。

走进训练场，明显感到美军新兵训练确有自己的特色。首先是训练科目的设置比较侧重于实战，而且训练强度大。其训练不仅仅是一般的"转变性"训练，有白刃格斗、翻越障碍、高楼攀援、高架独木桥、溜索过河等，就连战斗小组的战术攻击训练也是在模拟枪声的环境中进行的。这些的确符合训练的名称——"基本战斗训练"。在训练场的一角，一队新兵正在进行体能训练，他们每人背负10公斤重的沙袋做着"蛙跳"。这种训练可是够残酷的，不仅对体力是个考验，对毅力更是一个考验，许多新兵做完一个来回(约100米)，就只剩趴在地上的份了。再就是训练气氛相对宽松。一部分士兵上场训练，其余的便在一旁当"啦啦队"，口号声、欢笑声、加油鼓劲的呐喊声此起彼伏，有点像做游戏。

另外，新兵训练中很注重集体协同的内容。很多科目都是集体操作，两三人或四五人一组，你帮我，我拉你，互相帮助，互相支援，通过训练培养团队精神。

有意思的是，美军新兵训练实行男女混编混训。训练中心2000年度进行基本战斗训练的36638名士兵中，42%是女兵，而士官教练中也有不少是女性。我们看到，训练场上男兵女兵并肩而行，翻越障碍、攀登高墙，女兵的训练强度一点也不比男兵小。

新兵训练生活是由老百姓向军人转变的第一步，管理严格是情理之中的事情。"05∶30起床，06∶00体能训练，07∶00个人卫生，07∶30早饭，08∶30训练，12∶30午饭，13∶00训练，17∶30晚饭，18∶00准备次日训练、思想工作、额外训练，20∶00士兵个人时间，21∶00熄灯。"这是新兵训练的作息时间表。从这张作息时间表也可以看出训练的紧张程度。美陆军训练中心的新兵宿舍一律是大房间，每个房间里七八十张高低床排列得整整齐齐，内务也颇整洁。美方介绍，从入伍到训练毕业，随着士兵的成熟过程，需要在管理教育方面施以一系列的外部影响。它们是：全面控制，行为塑造，提出要求，赋予责任，给予特权。士兵要完成由"没纪律——受纪律约束——自我约束"的转变；由"自由个体——团体成员——团队战斗"的转变；由"不情愿——服从——献身"的转变。

向自己的极限挑战

野外生存训练，就是要使人向生命的极限挑战。

这种训练要求学员必须在精疲力竭、精神恍惚的情况下作出正确的判断。他们必须依靠顽强的精神才能坚持到底。

野外生存即人在食宿无着的山野丛林中求生。在实际生活中我们可以看到许多有野外生存经验的人，在没有人烟的荒郊野岭，食宿无着，但他们凭丰富的野外生存知识和顽强的毅力战胜了种种艰难险阻，摆脱了困境的例子。例如，1973年，菲律宾警察部队曾在卢邦岛发现两名在二次世界大战后奉命潜伏的日本军人，当场击毙一名，另一名逃脱。他们在异国的山林荒野中竟然已经秘密地生活了28年。1995年6月2日，在波黑上空被塞族武装击落的美国F—16C战斗机飞行员奥格拉迪，经历了艰险的6天后，终于被直升机突击队抢救脱险。奥格拉迪能够在如此恶劣的环境中生存6天，坚持到最后获救，这主要是因为他接受过野外生存训练，懂得如何在野外生存和自救。

美军对野外生存训练尤为重视。在越南战争期间，一些美军飞行员跳伞落到丛林中，因缺乏生存知识而丧生。因此，美军于1965年把野外生存列为正式训练科目，并在菲律宾的吕宋岛、巴拿马等美国空军基地设立热带生存训练学校，在美国的阿拉斯加空军基地设立专门训练寒区求生的极地训练学校。对于深入敌后的特种部队、侦察兵和空降兵、海军陆战队以及在战斗中与部队失去联系的战士和失事的空勤人员，在孤立无援的敌后或生疏的荒野丛林和孤岛上，在仪器断绝的情况下，很难从外部得到持续的后勤支援，必须具备在缺少物资保障的条件下完成任务和生存下去的能力。所以，野外生存训练对他们来说是必不可少的。为了在战争状态下保持旺盛的战斗力，平时就要加强生存训练，熟悉并掌握野外生存的办法和手段。

美军的野外生存训练内容主要有：一是如何在没有地形图和指南针等制式器材的情况下，白天利用太阳、夜晚利用星光等自然特征判定方向的能力。二是如何在山地、河流、沼泽等复杂地形快速行进的能力。三是如何在野外取得食物的能力。在野外生存中，食物是极其重要的，这关系到一个人能否在危险的环境中坚持更长的时间，以等待别人的帮助。这种知识一般比较难掌握，美军通常会请一些当地的土著人(如印地安人)指导士兵掌握这些知识。四是获取饮用水的方法。饥能挡，渴难捱。水在某种程度上说比食物更重要。用水填满肚子，能减少人的饥饿感，进而增强战胜困难的信心。五是学会取火的方法。要想战胜残酷的环境，挑战生命极限生存下来，仅有水是不够的。煮烤食物需要火，宿营取暖需要火，发求救信号也需要火的帮助。可以这样说，军人野外生存的能力，在某种程度上说，取决于取火的能力。六是要学会野外常见伤病的防治。野外是各种蚊虫、毒蛇、野兽出没的地方。在野外，如果防护不周，更容易出现伤病的困扰，给一个人在野外生存下来增加了许多困难。所以，掌握一些野外伤病防治的知识也显得极其重要。例如，如何对付昆虫的叮咬、蜇伤，学会在野外出现晕厥、中毒、中暑、冻伤的处理办法。

为了真正地让每个特种部队成员掌握野外生存的能力，美军把华盛顿州卡尼劳国家森林指定为特种部队野外生存训练基地。这里是国家级保护区，林中到处是毒蚂蚁、蝎子、蜈蚣以及北美剧毒的眼镜蛇，还有狼、狐、老虎等猛兽。正因为这里条件恶劣，情况复杂，它反倒成了特种部队野外生存训练的理想场所。接受训练的士兵们要在这里经受最严峻的考验。他们在经过战斗技能、机动技能、渗透技能的训练后，接着就是具有更大挑战的野外生存训练。在没有食物的情况下，训练士兵利用简便器材猎捕野兔、野猪、蛇；用肩章、领章、针、骨头做成鱼钩来钓鱼；采食野果、野菜、依靠"钻木取火"和利用竹筒做饭等在应急条件下就地取食的技能。在这种极度饥饿的情况下，士兵会毫不犹豫地把得到的诸如带血的羊肠、羊脑和蚱蜢、蚯蚓、老鼠、蛇甚至蜥蜴，或从朽木中抠出的红蚂蚁塞到肚里。在野外生存训练地区，地形非常复杂。在训练过程中，有的士兵还会受伤。他们睡眠很少，大都极度饥饿，精神紧张。他们必须在这种精疲力竭、精神恍惚的情况下作出正确的判断。他们可能梦游，甚至可能攻击想象中的敌人。他们必须依靠顽强的精神才能坚持到底。野外生存训练，就是要使士兵向生命极限挑战。同时，他们还要训练克服困难的心理承受能力。但能通过如此残酷训练的人也不多，能顺利通过野外生存训练的士兵不会超过参加训练人数的一半。

尽管野外生存训练非常残酷，但是它在培养一个合格的军人，尤其是一个特种部队的军人来说，是必不可少的。无论是在剑戈相对的远古作战时代，还是在激光争雄、导弹逞威的现代立体战争中，人还是战争的主体。无论身处怎样恶劣的环境和面对如何残酷的现实，只要抓牢野战生存这只救命之舟，才能具备胜利的基础，争取胜利的信念之火才不会熄灭甚至可以创造奇迹。

打造突击小分队

侦察、躲避、掩护、协调、信息秘密传递、进攻隐蔽迅捷，一系列的训练课程将把你带到神秘的突击小分队中。

神秘的小分队

人称"小麦克阿瑟"的西点毕业生亨利·穆西曾在二战中指挥了一次成功的突击营救行动。这次行动被写成纪实文学《魔鬼战士》，并一度畅销。我们这里介绍的神秘小分队实际上就是模拟行动的一段演练。

演练科目是这样的：一个班作为火力组成员进行运动，他们要选择临时战斗阵地，他们要在进攻的行进中互相掩护。他们必须行进到预定位置并且确保无人员伤亡，最好不被敌人发现。

演练的目的是训练班行进间掩护。本演练可在训练班实施运动接敌、预有准备进攻或巡逻时进行。有一点极为重要，即演练要在班里的每个成员都知道自己在行进间掩护中的作用后才能进行。以行进间掩护的方式开进时，全班成楔形队形，而且必须适应地形以不至于降低行进速度。白天行进间隔为10米。在开阔地形上间距增大，但当地形、灌木、夜暗、烟幕或浓雾使能见度受限时，则要缩短间距。在条件许可时再恢复正常间隔。在开阔地、无地貌影响的地形上，队形边缘的间隔可以拉大；而在狭窄的山口、通过或绕过大型障碍时，队形两边可能几乎并成一线。能见度受限时要收缩两翼。必要时，无须命令便可自动调整队形。

这样，地上看到的是楔形队形。火力组组长位于队形的前端，由他指定火力组组员的位置，火力组每个成员都必须：

① 在队形内保持相对一致的位置；

② 与组长保持目视联络；

③ 在保持相对一致位置的同时，做与组长相同的动作；

④ 与左右邻和班长保持目视联络。每个火力组都应保持环形警戒，组内每个成员负责指定的地段。火力组的每个成员都应观察指定的地段并将武器瞄准指定的地段。每个火力组都要不间断地进行180度观察。火力组楔形后缘的士兵必须不断注意后方，以确保后方的分队能够看见自己并提供掩护。

先头火力组组长要根据有利地形选择行进路线。必要时，他可以停下来观察前方地形、选择路线。每个成员在楔形队形内调整自己的位置以避开开阔地；必须警惕可能出现的敌情，以免遭受不必要的伤亡。要确保能向分队指挥官传递情况信息。先头火力组长是全排的尖兵，他必须集中精力注意前方的地形。因此，先头火力组的每个成员必须与邻近的士兵保持联络，一失去联络即要向组长报告。停止行进时组长要清点士兵的人数。

后方火力组要与先头组保持30米至50米的间隔。后方火力组长通常紧跟班；然而，班长有时在先头火力组。这时，后方火力组要保持一定的位置，观察并掩护前方火力组。要记住，后方组必须向先头组提供掩护。

停止行进，仍应保持30米至50米的间隔，并注意对周围的警戒。如要停止行进，先头组长发出手势信号，组内成员都要向后传递信号，并保证后面的人都能看到。传递信号之后，每个人进入有利位置，负责监视指定的警戒地段。位于队形后缘的人也要观察后方以保证后方安全。还要注意与后方分队保持目视联络。

突击作战型的领导

下面是一名指挥官在完成防御任务时必须具备的技能要求，参与此项训练的学员同时也被要求据此写下一个大型企业高层管理人员的岗位配置和职能描述。通过与作战小组类比，学员们设计的企业领导配置将非常具有战斗力。

第四级技能要求：使用透明地图、标出友邻排规模分队的位置、拟制一份排/小分队防御地段图、与敌接触（防御）后巩固阵地、整编排规模分队、组织排实施夜间防御。

第三级技能要求：指定班成员（操作人数不多的武器）战斗位置、监督班规模分队构筑防御阵地、开设观察哨。

第二级技能要求：使用自动化通信电子作业指令、准备和操作调频无线电台、监督/检查防御阵地构筑、设置与回收紧急野战警报装置、处置已知或怀疑的敌军人员/文件/装备、监督对单兵和编制装备表中装备的维修保养。

第一级技能要求：情报的收集报告、分辨我军和敌军（假设敌）装甲车辆、目视分辨可能的敌机、估测距离、无线电发报、保养M16A1步枪、弹匣和弹药、M16A1步枪的装弹，排除故障和擦拭、装卸榴弹和擦试M203枪榴弹发射器。

另外，补充科目有核生化防护、电子战防护、遵守战争惯例和战争法规、急救包扎，等等。

紧接着，参加完突击队训练的学员们将被安排上一堂相关的文化课程。课程完毕，学员们就必须上交在突击队课程开始所要求的作战型企业领导配置图。由此可见，完全地融入、全心全意地参与突击队的训练课程，即使是浅尝辄止，你也会感受良多。一名员工、一位高层主管、一个企业团队如果能达到西点训练课程要求的1/10，都将会易如反掌地成就一番事业。

做出色的作战指挥官

战场是生死之地，它要求战场中人必须有毅力、体力、机智和灵敏，并能巧妙地与技能、知识、创造力和想象力结合起来。

市场经济的竞争，就像战场一样，在企业经营过程中，企业领导扮演的就是作战指挥官的角色。

偷艺训练营

战场的性质决定着训练的要求和目标。战场对体格、心理和士气方面的要求是苛刻的，它要求有进行战斗的能力和战斗的意愿，要求有毅力、体力、机智和灵敏，并能巧妙地与技能、知识、创造力和想象力结合起来。纪律、推动力、主动精神和胆识必不可少，团体精神、战斗情谊、凝聚力和领导能力极为重要。高质量的训练能使士兵和军官学会发挥主动精神，迅速、正确而又大胆地行动，创造性地、团结一致地完成任务。

高质量的训练是提高技能和士气所不可或缺的。如果我们要想在未来战场上取胜，指挥官就必须强调训练的重要性。他们应当把训练看成是部队，分队，以及机构、单位所需进行的每一项工作的基础。高质量的训练能提高每个单位在整个团队中的作用和价值。高质量的训练能够培养反应能力、团体精神和凝聚力，产生自信心，并确立团队所需要的"必胜意志"。

在西点的军事技能训练中，新的目标、新的局势、新的环境、新的装备、条令和编制体制都在要求不间断地进行高质量的训练。学员在经历了人模子训练、心理素质训练、体能训练之后，现在就进入了完全军事化的、具有实战演练性质的作战培训和野外战斗演习阶段。这一阶段是广大学员们盼望已久的，因为它是真正英雄的用武之地，它是智者、精英斗智斗勇的真正战场！

现在让我们怀着敬畏的心情、"暗藏偷艺的诡计"到那硝烟四起、杀声满天的神秘之营去作一次惊险之旅！

训练营里的急先锋

训兵未始先训官。潘兴、马歇尔、布莱德雷、巴顿，以及最近时期的艾布拉姆斯等各位将军，他们都曾经是单兵训练和部队训练的精力充沛、执教严厉的教练员。他们在各级岗位上都持续不断地进行训练和教育，最好的指挥官往往都是优秀的教练员。

高级指挥官在训练营中的主要任务是，制定必胜的训练理论并建立一套有效的训练管理系统。这样的系统将有利于实施有效的训练，有利于使用人力和物力资源来保持经常不懈的战斗准备。

高级指挥官分配的资源，影响训练的有三类：第一类分配的资源是实施诸兵种合同训练和勤务训练所需的部(分)队。第二类资源包括时间、金钱、训练设施和器材。第三类是指挥官通过个人直接参加训练，给部属传授的组织训练的知识和经验。指挥官必须从技术和战术上都能胜任这项工作，而且愿意把这方面的知识传授给他人。

所有指挥官都必须计划和实施训练，还要进行考核，以便发扬优点和纠正缺点。他们必须创造性地根据资源情况，管理好弹药、燃料、训练设施和时间。总之，指挥官必须专心致志地去训练他们的士兵，使士兵能饶有兴趣地去学习他们的专业技能。

指挥官要规定标准。他们通过制定工作程序和确保正确地执行程序来达到高标准。正确地执行程序可以为取得更好的成绩打下基础。这是必胜的训练理论的一个最重要的方面。

指挥官要熟练掌握他们要求士兵学会的各项基本技能，从而为士兵树立样板。只有熟练地掌握了这些技能，指挥官才能规定标准进行考核。士兵灵巧、尽职，可以使指挥官更有信心地去教育和激励他所负责训练的士兵。

训练营的灵魂

训练必须逼真。训练必须根据已掌握的科目，提出能使部队精通技术的新科目。只要把真实的任务和有战斗力的假设敌与实战时的身心紧张程度结合起来，收益就会大。单兵技能和集体技能会融合起来，诸兵种和勤务合成部队的各个部分也会协调一致。

实施战斗训练时，指挥官必须考虑到战场紧张气氛的影响。由于紧张，在战斗中执行最简短的任务也比较困难。和平时期在训练环境中学过的科目，在紧张的战斗中也可能会忘掉。为了保证在战斗中获胜，完成重要的战斗动作和战斗任务的训练标准，必须要高，是否达到了高标准，从部队接到命令后能否快速作出反应，即可以证明。部队应当努力达到在预定的时间内、熟练而又迅速地对所接到的命令作出反应。这就要求反复演练，学会瞬间作出反应。实施在战场条件下的逼真训练，这是战斗训练的唯一途径。

有助于造成逼真的训练环境的有两个方面：老练的假设敌部队和好的战场模拟。这两方面所造成的训练环境，能使指挥官和士兵都如同在战斗中那样思想和行动。但是，指挥官必须懂得，不具备这两个方面时，他们也能对不少单兵和集体科目进行符合质量要求的训练。

训练必须以做为主。使士兵作好应付未来战斗准备的最好办法是，让他们能学会在战斗条件下应付自如。以做为主的训练，能培养士兵在战场条件下完成任务所需的基本技能。他们通过演练科目、纠正缺陷，直到符合规定的标准，来学会各自的技能。随着执行任务的技能的提高，虽然原定的标准不变，但执行任务的条件应当越来越复杂。士兵必须通过这些基本技能，与其他士兵一起完成集体科目训练。通过实地演练才能掌握对班、组和分排一级进行集体训练科目所必不可少的，严整而又协调一致的单兵科目。以做为主的训练能够培养出技能熟练的士兵来，因为他们是通过实地操作来学习训练科目的。

训练必须具有挑战性和富有教益。挑战性的训练能给部队以能力和信心。它通过教导人们主动、热情、积极地学习来激励他们上进，同时培养起忠诚和献身精神。

训练必须保持住执行任务的能力。只要部队经过训练学会了所需的技能，就应保持住。为了保持住已学会的技能，指挥官必须不断地进行评估和发展，并通过训练克服弱点和发扬优点。指挥官制定的训练计划如果仅仅是在一年内突出抓某一两件关键的项目，那就是在冒风险。

为赢得胜利而进行训练。为赢得胜利而进行训练是以正确的训练基本原理为根据的。高级指挥官训练的基本原理使他们得以想象出旨在达到并保持高水平训练与战备的训练体系。这个基本原理的一个最重要论点和历史上的一条经验是，打胜仗的军队都是按战斗需要进行训练，并按训练所学进行战斗的。就单个人员而言，这就要培养并保持战斗技能。就集体而言，这条经验就是要有建立在相互信赖基础上的凝聚力和协同行动。

高级指挥官把任务、战术企图、目的，以及他的部队在战斗中必需达成的具体目标(使部队的需要变成必需达到的目的)联系起来，就会进一步想象到部队的情景。在这个过程中指挥官通过制订部队的各项目标，确立"事事都是训练"的主题。这类目标包括部队所承担的全部责任范围，因此可以包括从进攻这样的作战问题到诸如人员状况的日常战斗勤务支援问题。训练如同战斗一样，成败主要取决于所属人员根据指挥官的企图行动的能力。因此，指挥官必需保证所属人员都能领会他的企图，并能在他的企图范围内采取行动。出色的训练来自各级指挥官共同围绕中心目的协调一致的行动。

为赢得胜利而进行训练的基本原理的另一个方面是，训练要与条令原则相一致。条令要求必须具有主动、灵敏、纵深和全力以赴的作战精神，同时士兵、指挥官及部队都要保持高度的作战能力。只有通过顽强、逼真而又富有挑战性的多级部队的诸兵种合成训练，才能实现这种目标。

为赢得胜利而进行训练的基本原理的第三项内容是，建立一种健康的指挥环境，即既要有固定的责任制，又要敢于承认差错。强调成绩又注意从差错中汲取教训，必须是贯穿在整个军事单位中的一种精神。这种态度有助于形成积极的训练环境，并能使从列兵到将官都协调一致地为整个事业努力。积极的指挥环境是由各个称职的领导人共同建成和享有的一种相互信赖的气氛。一旦这种环境建立起来，就会明显地出现学习和成长的自由。指挥官像教练一样对部属进行指导，提供建议，并为他们服务，以保证他们能够高标准地履行各自的职责。这样，部队就会有高素质的军官和军士领导人。

胜利的后勤部队——经验教训总结中心

经验教训是有助于确定训练要求的另一种可贵的工具。尽管经验是最好的老师，但是时间限制会使每个人获取的经验有所不同。汲取教训是增长个人经验的一种方法。汲取教训使指挥官能够学到其他人的经验。从汲取教训中获得的知识，可以用来解决各个类似的问题。可供汲取训练经验教训的有以下一些来源：

① 陆军经验教训总结中心；

② 军事历史；

③ 战斗训练中心的经验教训总结；

④ 过去的训练事件；

⑤ 别的部队和别的指挥官的经验；

⑥ 训练后的讲评。

这些来源对于准确地找出训练或作战缺陷的根源特别有用。利用汲取的经验教训去查明训练要求，等于给训练科目增加了额外的可靠性。

军界的这种做法非常值得企业界借鉴，难道要因为存在人员伤亡、领土主权丧失的危险才会这么重视吗？其实一个企业、一个自然人在商业社会中也同样会面临生死存亡和思想灵魂的侵略！

制胜千里眼——对作业能力的超前分析

当作业能力低于确定的标准时，我们必须加以注意，并应予以纠正。表面看来，作业能力问题与训练有关，但事实上是由其他原因造成的。作业能力低下，也可能是由于：

① 没有重视训前检查；

② 缺乏知识和技能；

③ 缺少动机；

④ 没有权力;

⑤ 没有合适的环境(天候、位置、资源);

⑥ 缺乏团体精神。

如果作业能力问题是由于缺乏知识、技能或团体精神，那么训练是一种最好的纠正办法。运用训练去解决动机问题、环境问题或权限问题，是无效的，而且可能使问题恶化。如果部队作业能力低下是由于士气不高所致，不去克服士气不高的原因，却无休止地对部队反复进行训练，那就会更加降低作业能力和士气。用重复训练代替领导和动机是一种恶劣的办法。我们的企业里有没有这种情况呢?

训练营中对学员的这项技能培养完全可以在企业里通用，分析能力是一种缜密的综合能力，它是商界领袖所不可或缺的。

野战之虎

美国经常出兵海外，美国陆军必须准备在世界任何地方实施的作战行动中战斗并取得胜利。而且，美国陆军必须准备通过在各种冲突中实施不同强度的战斗和后勤支援等军事行动来支援国家政策目标。它必须准备在沙漠、北极地区、丛林地带、山地和城市地区作战。它必须准备打败装备精良的现代化军队和小规模的非正规的轻装部队。训练演习有助于达到打败敌人所需的高度战备。训练演习为同时执行多种任务以鉴定与巩固士兵、指挥官、专业人员、参谋人员和部队的技能提供最好的环境。训练演习以模拟的战斗条件来训练指挥人员、参谋人员和部队执行战时任务。训练学习还训练指挥官具备完成任务的最佳条件，能根据部队的任务、敌情、地形和可供使用的最佳战术。

西点的野战训练演习正是在这样的目标和原则下实施的，它是在野外模拟的战斗条件下花费很大的一种演习。这种演习演练各级的情报、战斗支援、战斗勤务支援、作战、通信等作战职能部门对实际的或模拟的假设敌作战的指挥与控制。这种演习是运用诸兵种的各种战斗分队在逼真的战斗条件下实施的。这种演习使用各单位的人员与装备进行之间和系统内部实施空地一体作战的训练。

野外实战训练

野外训练演习是各种训练演习中最逼真的一种。野外训练演习使参演者了解实际的时间与距离因素。野外训练演习设置多种战术情况，由一种或几种部(分)队参加演练。这种演习可要求实施远距离运动与通信联络。野外训练演习不用实弹。但是，这种演习可使用诸如多用途综合激光交战模拟系统之类的战术交战模拟系统，以便对战斗损失作出实际的估计。

野外训练演习用来训练指挥官、参谋人员和下属部(分)队，使之能够逼真地运动和(或)机动部(分)队；有效地使用建制的武器系统；组织协同行动，增强凝聚力；计划与协调支援火力；计划与协调后勤工作以保障战术作战。

野外训练演习是唯一在逼真的战斗条件下全面综合运用总体力量的一种演习。这种演习使用战斗、战斗支援和战斗勤务支援部（分）队综合实施参谋训练、生存训练和诸兵种合成训练。野外训练演习通过战斗教练、班组教练、带情况的训练演习和其他各种训练来加强单兵课目和集体课目的综合演练。

野外训练演习是在战场条件下实施的。这种演习提供演练进攻作战与防御作战的机会。因此，这种演习可增强士兵和指挥人员在一体化战场上作战与勤务支援的能力。这种训练可增强在战时可能经常出现的情况下协同行动的能力，并使参演者、指挥官和参谋人员知道计划工作与作战行动的规模与范围。

野外训练演习逼真地显示行政与后勤支援情况，使演习单位指挥官与参谋人员能体验其对战斗各个方面的影响。野外训练演习还应将电子战和核、生物与化学战纳入演习的演练作业中去。这样可使指挥官和参谋人员熟悉电子战和核、生物与化学战手段的能力、数量和使用原则。如能正确地使用，电子战手段可成为加强部(分)队战斗能力的战斗力增因，它们给指挥官提供能取得预期的战斗结果而又保存战斗力的非杀伤性手段。捕俘作业应当逼真地演练，应选择训练有素的人员扮演战俘，使审问人员和捕俘分队得到逼真的训练。

野外训练演习需要大量的装备和设施，让我们看一看下面的清单：演习单位上级司令部演练所需的通信装备；普通用品，例如办公用具、制作透明图用的器材、文电与作业日志本、报告格式表格，部队现行作业程序表以及有关的参考资料；各级演习单位在野外长时间操练所需的装备；有关的军事参考资料；警戒设备；来访者接待与情况简介；给养勤务；卫生勤务；维修保养；保健设施。

所需外部支援的数量也将取决于演习的规模与持续时间。可能需要的外部机构援助：增加通信工具；增加地图；演习区清理；安排住宿；卫生勤务；给养勤务。

通常在演习开始前72小时内，演习的计划人员还将进行如下的领导层训练：演习的目的与范围，训练目标；演习区的有利条件与限制因素；参演单位；敌情；假设敌编制；交战原则；通信计划；调理员职责；伤亡与损失估计；调理员记录与报告；情报演练作业；情况交流；调理员通信检查；调理员对演习区进行侦察。

演习结束时，还会立即召集所有的演习人员和领导人员在演习结束后讲评，以便从演习中获得最大的训练效益。

我们以上看到的是非常庞大复杂的野战演习冰山之一角。在这个巨大的组织中能够指挥若定、行动自如，确实令人钦羡。这不由得使我们相信：参加过如此训练培养的西点毕业生，他们带领的团队将会势如破竹、无往不胜！

合格的指挥官

西点军校认为，有发展前途的军事领导者必须熟悉基本的军事原则，掌握必要的军事技术，懂得陆军在战斗中的作用及其运用方法；必须牢记美国职业军人的道德规范和行为准则，并为严格、模范地遵守这些规范和准则而努力奋斗。

在军事教育分计划的指导下，学员通过对军事科学与领导艺术课程的学习，掌握连、排攻防战术及领导管理的基本知识。在教育训练过程中，对学员进行军事理论教育和军事技能训练，培养学员从事军事职业所必需的基本领导与管理能力，提高其对军队艰苦生活与严酷战斗环境的适应能力，使学员能够在时间紧迫的情况下，承受巨大的精神与体力压力，正确地思考、判断并做出正确的决定。

同样，在企业经营过程中，经理扮演的就是作战指挥官的角色。"决策失误是最大的失误"，这就要求总经理要有超人的智慧和决断能力。总经理要有超出常人的思维能力，借助于敏捷的思维，总经理往往能够从个别中看到一般，从现象中洞察本质，从偶然中透视必然，从现实的事物中感知和推测未来。创造思维是产生新的思维成果的思维，具有独创性。思维的心智操作主要有分析、综合、比较、分类、抽象、概括和具体化。通过这一系列的操作，经理人员得以解决一些棘手的问题。一般来说，在不同的企业之中，总经理根据权力和工作性质可以分为集权型、民主型、关系型、任务型、兼备型等五种类型。不管是哪种类型的总经理，都要高瞻远瞩，从大局出发，对企业的未来走向有一个较为明晰的总体把握，这需要总经理及高层决策者积极的思考和冷静的判断。

指挥能力具体表现为两个基本内容：

第一，下达命令的能力。下达命令，是指挥能力的主要表现，也是指挥的重要手段。没有命令，谈不上指挥，只有通过命令的方式，把厂长的意志传达到下级，才能形成下级的行动。要使下级准确无误地接受命令，并付之行动，下达命令时，要把握住两点：一是命令的内容简明扼要，中心突出，让下级一目了然。二是下命令的方式要得当，即下达命令只能一个人通过一个渠道进行，不能命令多头，同一时间从不同的方式下几个命令，使得下级无所适从。

第二，指导下级的能力。上级下达的命令，是领导者意志的表现，它包含下级能够理解、马上执行的内容，也包括下级不能理解，或者不太理解，因而不可能马上执行的内容。这时，就需要下命令者善于指导，让下级理解、接受，并付诸行动。这样，对命令的实施才能准确无误地进行。

企业领导要充分发挥自己的指挥能力，有三点应该加以注意。

（1）要把握时机。商品经济的竞争就像战场一样，时机显得特别重要。"机不可失，时不再来"，如果错过了生产、销售的有利时机，很可能会带来"一招失误，满盘皆输"的后果。因此，能否把握有利时机进行指挥，是反映企业领导者指挥能力的一个重要标志。这里的把握时机，包括两个意思：一是对外的竞争，不能错过良机，而且要捕捉机会，以增加成功的可能性；二是对内的管理，要抓住关键时刻，善于发现某些问题的苗头。坏的苗头可以及时处理，防止扩大；好的苗头可以因势利导，发挥更大的作用。

（2）要抓住重点。下达命令，是领导的权力，一般而言，下级是会认真地、全面地执行的。如果一个企业领导，小事大事一把抓，命令不断，搞得下级疲于奔命，异常紧张，无疑只能降低领导的权威性。久而久之，就会敷衍塞责，软抵硬抗。因此，无论是下命令，还是指导，都要抓住重点，并以此带动全局，才能产生更好的效果。

（3）要有连续性。企业领导对工作的指挥应当体现连续性，保证一件事一件事的完成。如果命令内容不断变化，不仅浪费人力、财力，更显得领导的心中既无全局观念，又无系统筹划，整个企业的工作实际出现了无领导、无指挥的局面，从而也就无从体现领导的指挥能力了。

第五篇 领导力训练—甄选精英中的精英

领导人的"摇篮"

西点是领袖的摇篮。它一直把培养世界性的领袖人才作为自己的使命。

西点确定和完善了融智能、军事、体魄、道德伦理为一体的全面发展方针，并以此作为培养领袖人才的基本保障。

只有那些真正显示出坚强的性格特征、高水平的智能、军事和体魄潜力的学员才能成为西点的合格毕业生。

西点教育方针的总论规范了西点军校的使命：教育、训练和培育学员，使每一个毕业生具备一名领袖人才所必需的性格、才能、智力基础和其他方面的能力，以便模范地效力国家和不断进步。

为达成使命，西点确定和完善了融智能、军事、体魄、道德伦理为一体的全面发展方针。这几个方面的发展方针较为准确地指导了西点军校赖以完成使命，为军队教育、训练和激励毕业生所实施的计划。四个方面是完整的一体，每一项活动都是其他活动的充实和补充。课程设置既要考虑到良好的本科教育，又要考虑到受陆军的人文和技术复杂性支配的要求。同时，学员既接受持续的军事项目教育，又反复获得多种机会，以发展和锻炼作为一名理想军官所必需的领导能力。体育计划把体质训练和体育教育紧密结合，以培养适应对身体条件具有特别要求的，在职业中模范服务的种种能力和品质。领导能力训练计划则着重培养学员在任一组织中的领袖职能。

西点学员在四年的发展进程中，尤其是在领导能力训练课程中，一项压倒一切的原则是达到最佳水平。由于入学标准严格，只有那些真正显示出坚强的性格特征、高水平的智能、军事和体魄潜力的报考者才能有机会成为西点军校的学员，在接受这一机会的同时，投入者也就获得了迎接挑战的机会，一种为达到最佳水平奋斗的机会，一种承负更重责任的机会。虽然只有极少数学员能够达到最佳成绩，而且不会是每一方面都达到最佳，但学校仍然坚持要求所有的学员向最佳方向努力，并在各自的成长过程中认识他们的相对能力和极限，特别是认清他们未来肩负的责任。西点认为，建立起一种达到最佳的追求精神比建立起一套测定能力的标准更为重要。通过实践和习惯，通过各种有效方式的培育，这种精神成为西点人承担责任和做出最大贡献的"圣经"。

达到最佳水平，是通过学员不断超越自身而实现的。西点的教育努力为学员超越自身创造各种条件。他们引导学员正确认识自己的长处和弱点，并学会扬长避短，由此建立和巩固自己的优势，使强项更强。在学员所作出的各种努力中，除了怎样支配自己的时间和可利用的资源以外，学员必须加强在错综复杂的思考基础上作出合理判断的能力，在是是非非面前保持清醒的头脑。

训练目标——文武双全

做一个军事指挥官，并不只是武夫，西点的军事将领同时也要成为博学多闻的知识分子。

领导者先前受到的挑战仅止于训练自己的能力，文武双全的领导能力训练则将之扩大到了被领导的团队。

西点努力拓展学员的智能领域，让他们接受足够的思考能力的训练，在复杂的情境下也能够辨别是非对错。但是训练过程并不是止于"知"，西点的使命是训练能够知行合一的领袖人才。领导者光察觉不公不义是不够的，还必须付诸行动，匡正不公不义。

西点的每一门课程，授课老师在其专业领域都是具有实务经验的。教授军事历史的老师，在美国当代的军事行动中，亲身参与、创造了历史。国际关系的师资就来自外交界。教作文的老师，也是派驻过全球各地，担任过多年公关幕僚的军官。这些教师带来丰富的实务经验，与理论相辅相成。

这样的师资还有其他的优点。虽然大部分老师在学术教学方面并不是最有经验的，正因如此，他们也不会像部分公私立大学的教授，对教书感到倦怠、缺乏活力或愤世嫉俗。这些事务人才有机会站上讲台专心教书，不需面临一般教授的学术研究和著作的压力，往往使他们的课上得更活泼、更生动，课后也比较有时间为学员解答问题(理论上西点学员24小时都可以找到老师向他们求教，通常老师都会把家里电话告诉同学)，同时这些老师也非常尽力地支持与配合学校的课外活动。

西点教师最常讲的一个故事，就是西点毕业、英气盖世的巴顿将军，他在沙漠里看到隆梅尔向他的部队走过来，第一句话并不是说："隆梅尔，我要把你宰了"，而是兴奋地大叫："隆梅尔，你这只老狐狸，我读过你的书！"

学员从上课当中看到西点校园以外的世界，远比他们原先想象的要复杂得多。在此之前，他们的挑战仅止于训练自己的能力，成为团队中值得信赖的一员，但是现在他们明白，领导的角色需要更多的条件。他们努力的目标是杰出的领袖人才，要具有足够的智慧和勇气，能够在任何时候都能坚持理想。

在西点的毕业生中有这样一个人物，他就是菲律宾的前总统拉莫斯。拉莫斯任总统期间，媒体曾把这位西点军校培养的退休将军描述成一位卓有成效的领袖。我们且不论他的是是非非，但有一点可以肯定：这位西点的毕业生登上了一个国家的总统宝座。

猛虎组织领导人普拉巴卡兰生性腼腆，但嗜书如命，他崇拜拿破仑和亚历山大。由于不满受到僧伽罗人歧视，他投身于政治集会和武装斗争。令人惊奇的是他非常仰慕西点并自学过美国西点军校的教科书，他对西点的战略和战术都颇有研究。这并不是每个领导者都能做到的。

支持和促进中国经济建设的外国人中也有不少西点人士。参加2000年北京朝阳国际商务节并发表了主题演讲的Gujarat（古加瑞特）先生，1993年加入西点军校，他取得了美国芝加哥大学哲学博士、工商管理博士学位，先后任英国曼菲尔德大学、新加坡国立大学、美国纽约大学城、西点军校经济学教授、西点军校实用经济委员会主席、纽约大学城经济哲学博士执委会主席等职位。

综上所述，西点一直在追求着文武双全的完美目标，并且不断地向社会输送着文武双全的毕业生。

领导者的特征

一般来说，世界上有两种人：一是领导者，二是追随者。在你开始工作时，你就要在你选择的行业中选择一个角色。

虽然当一名跟随者没什么丢人的，但当一名跟随者可能会默默无闻。

大多数领导者的事业都是从跟随者开始的，他们之所以成为杰出的领导者，是因为他们作追随者时表现得富有才智。不够机智地跟随领导者的人，是不可能有所成就的。一位聪明的跟随者有很多优势，其中包括他从领导者那里学习经验知识的便利。

在这寸土寸金的商业战场上，一个称职的领导，一定要具备刚毅不凡、胆大心细、了解市场及通晓敌我、掌握游戏规则的基本能力，一般来讲，领袖人物必须具备下面的重要素质：

（1）坚毅的勇气

这一点是根据本身和行业的特殊要求形成的。没有跟随者愿意在不自信和怯懦的领导者手下工作，聪明的跟随者不会长期追随这种领导。

（2）良好的自制性

不善自控的人也无法有效地控制其他人。自我控制为跟随者树立了榜样，他们会加以效仿。

（3）强烈的正义感

在公正的正义感影响下，领导者能够指挥和获得下属的尊敬。

（4）坚强的意志

犹豫不决的人显示出他无法肯定自我，也无法领导他人。

（5）缜密的计划能力

成功的领导者必须有完善的计划，并按计划工作。朝令夕改、不知所措，领导者若像没有航向的船，那么他的船迟早要沉没。

（6）付出超出所得

领导者要奉献自我，它要求领导者的工作量超过他分配给下属的工作量。

（7）迷人的个性

懒散、猥亵、狭隘的人从来不会成为成功的领导者。领袖人物需要别人尊重。跟随者不会尊重一位个人素养很差的领导者。

（8）把握细节的能力

成功的领导人需要掌握领导工作的详细细节。

（9）同情与理解

成功的领导者一般都能同情他的手下。另外，他也理解他们和体谅他们的难处。

（10）有责任感

成功的领导者愿意承担下属的缺点所导致的失误。如果他尽量推卸责任，他不会继续担任领导。如果他的下属犯了错误，这显示他没尽到责任，领导者必须当作失败的是自己。

（11）富有协作精神

成功的领导者必须懂得运用团队合作精神，能劝导下属也这么做。领袖人物需要力量，力量需要合作。

（12）果断是领导者的特色

领导者的一项重要的必备条件是能果断地做出决定。

有人在分析过1.6万多人之后，发现了一个事实，领袖人物一向具有果断决策能力，即使是在无关紧要的小事中也是如此，追随者却永远不会有这么快的反应。

追随者——不管是什么行业的——通常都不清楚自己想要什么。他们大都优柔寡断，犹疑不决，而且不愿做决定，即使是琐事也是如此，除非有一位领袖诱导他这样做。

而一位领导者不仅拥有一个明确的目标，而且还有实现这个目标的明确计划。同时，还具有坚定的信心，因而在任何情况下，他都能果断地作出决定。

（13）富于冒险精神

在有各种可能的环境里，最需要人的冒险精神。管理学理论认为：克服不稳定因素、信息不完善性的最好的方案，就是组织内有一位敢冒险的战略家。

世上没有确定的成功之路，动态的市场总是动荡不定，各要素交相变幻，难以捉摸。所以，要想在神秘难测的商海中自由遨游，必须要有冒险的勇气。甚至有人说，成功的主要因素就是冒险，做人必须学会勇敢地面对冒险，并把它看成是成功的重要心理条件。

在成功者的眼中，生意本身就是一种挑战，一种想战胜他人取得成功的挑战。所以，在生意场上，人人都要有激烈的竞争意识。"一旦看准，就大胆行动"是众多的商界成功人士的经验之谈。

（14）领导要有创意

领导必须有创新的意识，并激发员工挖掘新的方案。除非领导经常给员工灌输新观念、新的刺激，否则团体很难取得进步和发展。要是领导满足于现状，会使大家也容易满足，这样就会退步。

领导的形式有两种：第一种，被下属赞成和同情，这是最有效的领导；第二种，得不到下属的同情和认同，它是依权力而生的领导。

历史证明，靠权力维持领导地位的领导不可能长久。独裁者与国王的快速更迭便是这方面重要的事实。它表明人民不愿意追随靠权力来维持统治的领导。

新型的领导应具备上述的领袖人物的14种素质和一些其它的素质。培养自己在这些领导素质方面的能力，你在任何行业中都可以大展鸿图。

领导人的主要工作

一个真正领袖，他的获胜秘诀应该是让员工自己领导自己，也就是成功地授权。

真正的领袖并不是一尊没有任何缺点的巨石雕像，其实，在某个不幸的时候，那是最易于破碎的。

就领导人的任职条件，西点早有自己的原则。这就是著名的《领导／部属关系的原则》：

（1）领导人从一开始就要让部属明白，他们全力奉献于军人专业的最高价值体系。领导人遵循这些价值体系，也鼓励部属同样地遵守。

（2）领导人要让部属明白上级对他们的期望；要知道严格但可行的要求，乃是对部属具有信心的表示。领导人要帮助部属学习如何达到这些期望，对其表现给予回馈，并要求部属为自己的表现负责。

（3）领导人应以部属的尊重及信任为基础，努力强化部属全力以赴的动机。领导人要赢得部属的信任，言行必须一致。尊重并遵守个人最高的操守。

（4）领导人应尽力满足部属的需求，以便部属能够积极奉献于任务的完成。

（5）领导人应主动加强开放和双向的沟通。

（6）领导人应为部属说明工作任务的理由，借此建立信任的基础。

（7）领导人应该给予部属正面的回馈，让部属体验成功；加强部属的长处，避免部属无法成功的情况；不贬损部属，帮助部属建立务实有意义的目标。凡此种种皆可提高部属的自尊自重。

（8）领导人对部属的要求不是只有顺从听话，更要激发部属的知识、创意、技巧、了解和判断力，以促进任务的完成。

（9）领导人绝不牺牲部属以求个人的特权或舒适，必要时应与部属共患难。

（10）领导人要能容许错误，给予部属从经验中学习的机会；相对的，部属也确实会汲取教训。

（11）领导人应公开赞扬，私下批评。

（12）领导人当罚则罚，但处罚必须迅速。根据部属的过错慎选适当的处罚方式，对事不对人，同时处罚结果必须有助于部属日后避免同样的行为。

（13）领导人与部属应互相尊重对方的价值和个人尊严，并表现于行动中。

（14）部属应全力协助推行领导人的决策(前提是这些决策都合法，合乎道德)；在决策定案前提出诚实的意见，定案后则全力支持。

（15）即使领导人有时未能实践以上原则，部属仍应全力与领导人合作。

坚决按标准行事并绝不妥协的西点军校还有一项《领导要则》，这是他们为确保实现培养世界性领袖人才之目标的又一良苦用心。这项要则要求所有想成为和已成为领导的人们必须达到如下的标准：

（1）责任动机。根据被任命的职务，全力做好该做的事(有关明述及隐含的使命与任务)；置任务要求于个人利害之上；坚持自己、部属及其他人都努力追求最高的表现。

（2）军人仪表。维持军中对服装仪容、言行礼节的标准。

（3）团队精神。致力于完成团队或机构的目标；及时、有效地执行工作上和整体机构的责任义务；有效地与他人合作；遵守并积极支持机构的目标与政策。

（4）影响他人。运用适当的人际关系与方法，以引导他人(部属、同僚、长官)共同完成任务或解决冲突；积极设法改变事件以达成目标。

（5）关怀他人。对他人的情感、需求表示关心与尊重，并且知道自己的行为对他人的影响；待人要有支持公平的态度。

（6）计划与组织。能够为自己及他人建立行动方向，以期完成明确的目标；建立做事顺序，适当分配时间、资源及人力。

（7）授权。能够有效善用部属的才能；知人善任。

（8）监督。建立一定的程序，以监测、规范部属的工作和活动，以及自己的工作活动及责任；授权出去的工作和任务，须采取行动监测成果如何。

（9）栽培部属。经过以身示范，以及与部属目前或未来工作相关的训练发展活动，培养部属之能力与信心。

（10）决策。根据事实资料的分析，做成良好、合理的结论，并根据这些结论采取立即的行动。

（11）口头及书面沟通。在私下或公开场合，能够有效通过口语或文字表达自己的意见：包括良好的语文素养、肢体语言及其他非文字的沟通。

（12）专业伦理。维持伦理、道德及军人专业的标准与价值体系；为自己的行动负起完全的责任。

看完西点军校的军内要则，再让我们放眼商界：在此有10项"领袖该做与不该做的事"，相信对你的事业会有所帮助。

（1）经常聆听，且尽可能听取别人的意见，不要先下判断

你聆听时所表现出来的领导能力，比什么命令都有效。如果你足够幸运，在一生中有一位很好的人格典范或生活导师，你可以追随他们的行踪。如果你必须独自前进，从自己的错误中吸取经验，那么更该把自己的经验和教训给那些依赖你的人。

（2）不要拒绝或惩罚向你提问题的人

若是这样，你很可能伤害了他们寻求解答的积极性。更糟的是，他们在没有得到足够资讯之前，便冒失地行事。身为领导人，你的主要工作是创造胜利者。那正确的知识，必须来自于你的传授。

（3）经常真诚地赞美他人

领袖的热忱，是不能由任何事物代替的。试着传达一种观点：到目前为止一切正常，未来的事将更加顺利。而你说话的机会，比你选择的言辞更为重要。当威尔其于1981年成为奇异公司的执行总裁时，他为采购部门特设了一部电话。他们受到指示，在完成一项交易谈判时就用这个电话通知他，不论交易数额多少。威尔其总是放下手边的工作来接听电话，并向他们表示祝贺。随后，他还会亲自动笔写一封感谢信。

（4）不要当众批评他人

没有任何事比当众被指责更伤害自尊的了。如果你在私下提出意见，人们会比较容易接受。

（5）态度坚定而公正

只要你的话合乎情理，人们会愿意遵守明确的规则、时间表及最后期

限。从另一个角度来说，不要不断重复或下达太繁琐的命令，否则人们会想维护自己，而忽视你的话。

（6）设计大众都参与的休闲娱乐活动

在你的工作上，可以采用公司团体郊游、体闲旅游的方式，甚至更简单一些，同你的下属吃工作餐。许多经理也乐于参与同事的体育活动。如果你有小孩，把他们带到你办公的地方也很有效，让你的同事知道，你平常怎样度过休闲时光。若非必要，别将你的家庭生活和职业生涯划分得泾渭分明。

（7）让他人分担你的忧虑

美国前总统府顾问艾尔斯在他的著作《你就是信差》一书中，描述了他担任电视制作人时发生的一件事：

有一位应邀出席节目的来宾，是一名战绩显赫、获勋无数的海军陆战队将军。但是，当艾尔斯在开播前5分钟到后台同他交流时，这名将军竟突然没有勇气上台了。

艾尔斯必须快点应对，因为关于这名战场英雄的节目，他安排了整整20分钟。最后他说："将军，我是这么想的。几分钟后，我介绍你上场，然后如果你不上台，我将走到你的位置，宣布你是一名懦夫。"

当时这名将军是这么反应的：沉默了很长时间。他非常高大，艾尔斯以为他当时可能挨揍。但是，这位将军微笑了。他以正确的眼光面对自己的恐惧。他将那一刻的担忧和对自己一贯的信心相互对照。这实在是很好笑，一名经历枪林弹雨的勇者竟会逃避访谈。他笑了起来，这确实是一幅荒唐可笑的画面。后来他便松弛下来，回复真正的自我。有趣的是，勇者也是有畏惧的，真正的勇敢面对恐惧采取行动。如果你相当自信，便能够承认自我的脆弱、恐惧与焦虑，而不影响你要做的事。

（8）别轻易承诺，也别前后不一致

不信守承诺及前后不一致，是领导者丧失信心和失望两种消极心态的表现。

（9）管理方针专注于教导有用的习惯与技能，而非发掘错误

培养好习惯的最佳方法，是做出表率。切记：一开始要养成好的习惯，比改掉一个年深日久的坏习惯要容易得多。一定要善用机会教育，你无法在选择一个固定的时刻向别人传授你的价值观。当一件事引起他人注意时，不论好坏，都可以在生活中提供教育机会。

（10）鼓励你生活及工作周围的人说真话，表达他们的意见

你希望别人怎么对待你，你就要怎么对待别人，关心他们，鼓励他人成功，他们一定会鼓起勇气，不负你的厚望。还要鼓励他们直率地说出自己的意见，即使你不同意他们的意见也没有关系。

每个人都想让公司成为行业中的翘楚，能独立应对世界性的竞争。外号"大熊"的足球教练布莱特，他的话语给了我们启示。他在艾拉巴马州荣退前夕说："我只是个阿肯色州来的土人，但我知道怎么让一支球队团结起来，我也知道如何鼓动人，如何安慰别人，最后是让他们的心脏跳出同样的节奏，成为一支坚实的球队。要做到这点，我只强调三件事：如果事情出了差错，是我造成的；如果结果一般，那是我们共同的责任；若事情真是好得没法再好了，那是你们做到的。这样就能让他们为你争光。"

真正领袖的获胜秘诀，是倾听属下的心声，然后敞开心怀，让他们领导自己。秘诀在于：授权。而主要的激励是——真诚的关怀与认同。

领袖的五字箴言是："我为你骄傲"；四字箴言："你认为呢"；

三字箴言："可以吗"；二字箴言："谢谢"；其中最重要的一字箴言："你"。

领导能力的法则

领导能力的轨迹蕴含于这些形势内在的随机性、不确定性和机遇中。领导者们透过迷雾，提供方针和指导，并且把握不确定的机遇。领导者们帮助整个组织抓住竞争中的生存空间，并把战略推向人们尚未问津的竞争场所去应用。当各个部门要努力提高效率和显著改进工作时，领导者们就变得重要了。甚至一些局部性的问题发生时，如某个工作小组出了偏差，或者某个生产小组注重新产品的开发和质量，就需要领导者。因此我们确需牢牢把握领导能力的法则，并且巧妙地运用于团队的领导工作中。

领导者要有忠诚的追随者

成为一个领导者意味着什么？领导能力的第一项法则就回答了这个本质性的问题，即一个领导者要有心甘情愿的追随者。如果没有取得别人的支持，领导者也不复存在。

在所有的情势中，领导者们都把得到追随者们的支持作为最基本的要素。一般的看法是，伟大与荣誉归于领导者，而追随者通常被认为是第二等级或低位的角色。领导能力的第一项法则改变了我们对追随者的观点，因为正是他们起着众志成城和绿叶扶持的作用。追随者们与领导者们是一个整体相辅相成、不可缺少的两个方面。

认识到追随者是必需的合作者，对于解释领导行为的复杂性是极其重要的。1993年，杰拉尔德·利文和尼古拉斯两人都尽力领导泰姆沃纳公司，那是由史蒂夫·罗斯兼并了出版和电影制片公司而创立的公司。利文占了优势，因为他取得了罗斯和该公司董事会的积极支持。尼古拉斯是一个精干练达的总经理，他具有天资聪颖、兢兢业业和许多其他方面的优秀品质，但是，他不能取得泰姆沃纳公司中关键人士的支持，使那些人与他保持一致。由此也可看出取得与保持追随者们是对领导者的基本要求。

取得追随者，是注意力最应该集中的地方。当你选定某项特殊的任务时，第一步就得问自己："我需要做什么才能使他们和我保持一致？"或"谁的支持是必要的？"然后，集中心思去取得这些人的支持。

领导能力是一个相互作用的活动范围

领导者和领导能力不是一回事。当人们说起"我们需要好一点的领导"时，他们的实际含义是说："我们需要一个与常人不同的领导者。"然而，"领导能力"一词，其涵义远远超过"领导者"这样单一的意义，它包含了领导者与追随者两个方面。我们把领导称为"能力"，是指领导者与追随者的相互作用。追随者是加入领导者的合作者，是这两者一起产生了驱动组织机构向前发展的能力。

人们对一些英雄般的高瞻远瞩的领导者的敬佩常常会产生一种错误的看法，即领导能力来自某一个人。想一想，艾科卡是如何在克莱斯勒公司的巨大转轨关头赢得信任的；史蒂夫·乔布斯作为苹果电脑公司的创办人是如何被人们所称颂的。

领导能力不是一个人、一个职位或一个项目，而是领导者与追随者相联系时所发生相互作用的关系，即活动范围。领导能力活动范围是不可分割的整体，是整体组合的舞蹈。看一看弗雷德·艾斯坦尔和金杰·罗杰斯他俩的优美舞蹈。完美的舞蹈得以展开，是由于弗雷德优美的领舞，由于金杰丝丝入扣的随舞，由于迷人的舞蹈动作艺术。弗雷德——金杰——音乐——动作——舞池融为一体，这正是舞蹈的美妙之处。舞蹈是一种活动范围，是一种同时把诸多方面联系起来的相互关系模式。

领导能力也是一种舞蹈，是领导者与追随者之间进退有序的相互作用。要了解领导能力的活动范围，我们必须像加里·朱凯夫在《吴莉跳舞专家》一书中所建议的那样"观察舞蹈"，注意领导者与追随者之间的相互作用，研究他们之间的关系。

如果别人了解你、信任你，当你前去领导他们时，他们是更乐意追随你的。

领导能力随着事件发生而升级

人们通常把领导能力看作是一个大人物所特有的持续不断的特征和一系列恒久的气质、价值和水平。普遍被接受的字眼"天生的领导人"增强了人们对领导能力是永久性的品质这一信念。这种说法，不懂得领导能力是随着领导者与追随者的活动范围的出现而存在的，不懂得这种联合是暂时的和随时变化的。

任何一个为实现他的领导愿望而为之斗争的人都知道，这是一个多么微妙的问题。人们可能对领导者所走过的特殊道路不感兴趣。在20世纪90年代早期，通用汽车公司的董事会免去了罗伯特·斯坦佩尔的职务，因为他们觉得他不可能指导企业组织走上正确的轨道。1992年，美国人民放弃了乔治·布什，因为人们想要变革。领导者们也知道，他们的首要问题，是赢得追随者们的信任，继而不断反复取得他们的信任。

领导能力的法则揭示，领导能力是随着事件发生而产生的。领导者与追随者的活动有它们的开始、发展和结束的过程。它们随着不连续的相互作用的发生而出现，但每一次都有领导者和追随者参加。

如果一个领导者经历了众多的领导事件，其领导能力就能连续不断地产生。一些追随者，在相当长的一段时间内，始终保持着对某一特定的领导者的忠诚，并在各种不同的情形下始终支持着他。举例来说，玛格丽特·撒切尔在其任英国首相12年执政期间，拥有一批心甘情愿的追随者。当约翰·梅杰赢得了大多数的支持者后，撒切尔的领导就在1992年终结了。然而，多数的领导事件，只有"货架般寿命"的短暂时期。它们随着特定环境中领导者与追随者之间短暂的相互作用的发生而发生。在某一环境中取得追随者，而在另一情形下吸引他们或别人，在这两者之间就有间隔。

领导能力这一概念说明，如果为数众多的领导者在不同的情形下都取得了追随者，那么领导能力就产生了，就遍及整个组织。

领导者通过影响得到追随者

领导者们通过影响来得到追随者，然而，经理们也是依靠影响把事情完成的。两者之间的差别在于领导者所产生影响的来源不同。

有人认为只要是上司，便可使某人成为领导者，然而管理方面的影响和领导能力的影响是相当不同的。领导者的影响是从追随者与领导者之间的相互作用中产生的，而经理的影响则来自等级制度下的经理职位。领导能力是人与人之间的影响，管理是职位与职位之间(上级对下级)的影响。管理的职权在组织机构图上有严格规定；而领导能力的影响产生就像一张相互作用的蛛网，把想要参与的人们联系起来。领导者与追随者的相互作用是基于信任；经理与下级的联系是依靠行政命令。领导者激励别人愿意去支持或与他／她保持一致；经理则要求别人遵照组织机构所明确规定的经理权限的要求去办事。

领导者不是依仗职权发展影响，而是承担有关组织机构中的中心使命的任务。取得关键信息网络的通道，并成为其他人的指导者。发挥知识专长，参加培训和正规的教育项目，并支持其他人的工作项目。所有这些行动都会提高你影响别人的能力。

领导能力从想法开始

领导能力从一个能解决问题与利用机会的想法开始。当领导者完成行动并影响了追随者们，从而使追随者们接受领导者的方针时，他/她就取得了追随者们。实际上，两者是想在一起了，同心同德，意识——信息处理能力，是领导能力根本的源泉。领导能力，如同舞蹈一般，在意识的舞台上展开了。

意识是表示人们如何来解释信息并根据信息产生意图。通过意识，领导者们把那些玛格丽特·惠特利在《领导学和新科学》一书所称的环境的原料"信息——能源"转化为有用的指导方针。当领导者们与追随者们双方都以相似的方法处理信息时，领导者们就取得了追随者们。因此处理信息的机制首先在于领导者。

当领导者们不能改变他的追随者的意识并取得他们对领导者方针的信任时，领导者们也是要失败的。领导者的能力，不依仗职权的影响，而是在意识层产生的。20世纪90年代早期，约翰·艾克斯被罢免了IBM公司的总经理职务，他不能够使他人相信，解决大而全的问题的办法就是将它分解成几个小的企业。IBM公司的董事会不买他的账。在艾克斯被取代之后，那个"解体计划"也就很快付诸东流了。艾克斯不能说服董事会，使他们进入他的思路，于是他们就把他撩到一边了。

从更高的意义上说，领导者们不是去形成对追随者们的意识，就是去反映追随者们的意识。一般来说，我们看到的是坐在汽车驾驶员位置上的领导者们，他们正在用很有把握和稳重的手操纵着方向盘，指导他们的组织机构前进。但是，领导者们能吸引的仅是具有同样波长意识的追随者们。领导者们必须在适应追随者们的意识水平后，才有可能引导追随者们达到新的意识水平。

人们想要领导者们带领他们向着新的和较好的结果迈进，但是人们也希冀领导者们带领他们走向他们想去的地方。人们把领导者们看作是方向，除非领导者们迎合人们的需要，人们才愿意追随他们。实质上，领导者们努力把人们拉到限定范围之外，这样，人们才能步入尚未被人涉足的领导能力的活动场所；但是，领导者也必须使他们的行动口径适应人们的意识。从最后的分析里可以看出，领导者们反映出追随者们的需求，而追随者们得到他们值得信赖的领导者们。

领导艺术的传授

领导人影响部属的方式和风格是形形色色的，因为部属本来就是形形色色的。

主管90％的时间，都在处理90％的员工的问题。

从为一群人制定目标到目标的实现，这之间有很大的距离，而这个距离正是直接的领导或面对面的领导所必须解决的。因为在直接的领导中，需要控制的工作即是通过面对面的沟通有效地影响他人把工作完成。

西点二年级学员担任伍长之后，就是置身于这样的处境中。在西点，伍长必须为一到三名新生的进步负起直接的责任。慢慢地他们会学到：直接的领导，其挑战在于要同时关心目标的完成，以及关心执行任务的人。

对绝大部分的学员而言，担任伍长是他们首次对别人产生这么大的影响力。有一名学员对直接领导的简则是这样描述的：

超乎常人想象的关怀，是明智。

超乎常人想象的冒险，是安全。

超乎常人想象的梦想，是务实。

超乎常人想象的期望，是可能。

领导人影响部属的方式和风格形形色色，有的人和言悦色，有的是歇斯底里；有的唱作俱佳，有的点到为止；有的严肃，有的风趣。但是不论哪一种互动风格，领导者还是可以让人感受到他们对部属的关心，或是不关心。主管人员面临的最大考验，就是如何让部属知道他们重视工作目标，同时也重视手下的人。

以关怀领导下属

主管人员要能有效地领导，主要是依赖对团队每一位成员发自内心的尊重。布瑞德利将军曾经写过："主管人员对人要能了解和体谅。人不是机器人，也不应该被当成机器人。我的意思绝不是要逢迎讨好，但是人人都是聪明又复杂的，对于别人的了解和体谅都会有正面的回应。经过了解和体谅，领导者可以赢得部属最大的付出，也能够赢得忠诚。"

西点的伍长第一次碰到面对面的领导，往往会遭遇令他们觉得两难的问题：既要跟手下维持良好的关系，同时又必须要求他们有最好的表现。有些人误以为，关心手下就得放宽各方面的要求，这样才能维持良好的关系。有些人不知道如何同时兼顾这两点，于是变得太放纵、太想讨好每一个人；而有些人则以为他们一定要冷淡、保持距离，这样才能够有效地领导手下。

完成任务和部属的个人需求之间会有冲突，这也是领导者无法避免的问题。大部分的主管都会找到办法，两者兼顾。在西点的学员当中，这种成功的领导人都是真心认为，他们的严格要求是为了学员们好，希望他们在西点有杰出的表现；同时他们也能够让学员们明白他们的出发点。对他们来说，完成任务和照顾部属的需求，根本就是一体的两面。

著名的军事将领谢尔曼是西点1841年的毕业生。为谢尔曼作传的哈特赞誉他是"第一位现代将军"。他对手下的军士非常体恤，让部队在夜间行军，以避开白天火热的太阳。在田野里他骑马走在队伍的旁边，随时注意不让士兵被挤到路边去。

管理因人而异

更重要的是，谢尔曼的部队很快就知道，他一切严格的要求，其实能够让他们的伤亡减到最低。哈特在书中说，谢尔曼的手下死心塌地服从他，不论紧急宣布部队推进，或是不足裹腹的食物配给，大家都没有怨言，因为大家知道，相对而言他极少要大家为他牺牲生命。他的手下完全信任他能够让大家全身而退，所以他下令作战的时候，部队将士锐不可当。简言之，谢尔曼对部队的体恤，激励他们更能成功地完成任务。

身为主管，很快你就会发现部属也是形形色色的，各有不同的性情和能力。艾布拉姆将军建议我们要"从一个人原有的基础上加以培养，不要贬低他"。

"在一个人的原有基础上加以培养"，表示主管对部属必须有充分的了解，找出每一个人的专长和弱点。部属大略分为下面三类，每一类都需要主管用不同的方式来带领。

第一类是熟悉自己的工作，也有强烈的工作动机：西点新生经过一年之后，就像很多的员工一样，对自己的工作大多已经非常熟悉，不再需要主管太多的监督和管理，只要给他们一些原则性的指示，偶尔给他们应得的肯定和赞赏。这样的员工是机构运作的支柱。

第二类是工作意愿高，但能力低于一般水准：这一类通常是新进的员工，他们虽然需要多一点时间和照顾，但其工作动机要比技巧更加重要。他们虽然需要耐心、仔细地训练，而且工作需要经常的检查(至少在刚开始的时候)，但是只要假以时日，他们必然会大有进步。

第三类是工作意愿和能力都能接受，但缺乏求胜的动机：有人说，主管90%的时间，都在处理10%的员工的问题。对于领导人来说，工作动机低落的部属是最麻烦的。对于这种部属，主管最好的办法就是设身处地倾听他们的心声，找出他们缺乏工作意愿的真正原因。

爱的原则

西点军校培养出的领导者常被人讽刺为专横霸道的独裁者，实际上他们往往比企业的军阀型领导者更关心部属。

从某种意义上说，我们的企业界需要军事化的领导。

我们认为，他们可以从军队中学到许多东西，如采取适当的领导方法、运用价值和道德原则、对部属和接班人进行培训、爱护自己的部属等。

西点军校将领导作为爱的一个部分加以论述，如果一个人不能热爱他人，那他基本上不善于领导。

爱有许多种形式，其中有一种属于最伟大的爱，那就是杰出的领导。由于领导是爱的一种形式，所以我们对爱这一根本概念的认知和体验有助于我们看清领导的本质。也许最能明确体现这种本质的行为就是关心他人的利益——使他人在身心两方面受益。

有资格称自己是西点领导者的人必须爱别人和赢得别人的爱戴。爱别人就要为别人承担义务，并作出努力为别人创造条件和努力提高自身素质的承诺。这不是发誓要不停地责骂别人直至别人按你自己的要求去做的一种决心，而是你向别人作出与他们一起完成共同的目标和一起进入更高境界的一种承诺。

当一名排长将他自己的整个生涯系于荣誉之上，并希望大家都知道他是一名优秀的领导者时，他就必须爱护自己的部属。如果他为了自己的利益只顾野心勃勃地玩弄伎俩，而不真心实意地对待部属，那么他的部属就会使他的这种"投资计划"付诸东流。他的部属可能会拨一下才动一下地按他所说的去做，但他们决不会付出额外的努力，而这种努力是一种标志，部属只有在跟随优秀的领导者时才肯付出这种努力。同时，部属既不会过问他的过失，也不会帮助他避免错误。

不断培训

我们对残酷训练士兵的教官、专横霸道的长官和既狡诈又残忍的军士的相关传闻该作何解释呢？人们从各处听说的有关军队是如何如何的大量传闻已使他们对军队抱有成见。对许多人而言，"命令型"和"军队"这两个单词已成了处于"管理"一词之前的、可以互换的形容词。

这种成见并非形成于一朝一夕。在每个国家中，都有着——而且还会继续有——大量无能的军人。这些军人在不断加深上述虽然从总体上说并不正确但却率直的印象。例如，"严酷的军纪官"一词就派生于17世纪法国的一名极为严厉的将军的名字。

但是实际上，人们的上述成见与事实毕竟不相符合。军队不能不相信自己的士兵。在战斗中，任何人在任何时候都有可能伤亡；人们必须始终做好替代、替补他人的准备。上级必须告诉下级具体做些什么，同时，下级必须做好承担义务的准备。

军队中军人的"晋级办法"是逐级自然递升的——而且是公开进行的。军队的军风是由军人长期促成的，而军人决不会通过某种仓促的训练，然后就马上去实现那些自己经常在晚上默默祈祷的愿望。

军队人事的经常变动助长了人们对和平时期这同一现象的思考。在军队中，军人很少会在同一地区服役3年以上，而在同样长的时间里一直在履行同一具体任务的军人就更为少见。对部属进行培训——其目的并不仅仅是为了让部属去执行任务，而是为了使培训者尽到自己的职责，这是一项永无终止的任务。

在军队中，上级如果不能让下级共同参与决策和不能确保下级的成长、进步，那后果将是非常严重的。在企业中，如果管理者选用命令型的领导方法而不虚心听取或不采用他人的意见与建议，那可能带来的最坏结果是：这个管理者也许会在下一次领薪水时收到一张附在薪水支票中的解雇通知书。

但在军队里，如果一名军官在战斗中对下级的才智和经验熟视无睹，对下级通过直觉形成的合理建议置若罔闻，那么最终该军官就会在战斗中丧命；而且更为不公平的是，该军官会殃及他人，使他人与他共赴黄泉。这种潜在的灾难迫使军队的领导者作出选择，组建各种充分发挥每个人特长的团队，设法让团队的队员共同参与决策，同时又让他们听从必要的命令。

威廉·F·沃德(William F. Word)生前是一位"广泛涉足各领域"的多才人士。他在任第77后备军最高长官的同时也兼任着杰斯坦公司(Gestam, Inc.)，一家真正的财务管理公司主席的要职。他的一段话如同格言一样被《成功》杂志所引用：

军队要比企业更关心下属人员。我在商学院的经历给我留下的印象是：那里传授着大量有关管理技巧的知识，但却很少传授有关领导品质的知识。这种教育方法给企业带来的影响也已显现。我见过几百家公司，那里的首席执行官并不关心自己的员工。这些首席执行官经常将优秀人员都拒之门外，而这些优秀人员希望留在那些能够得到上司赏识的公司工作，希望上司偶尔会对他们说："干得好！"或"请进！让我们一起讨论这一问题"。奇怪的是，人们却常把军队看作是一个不讲情面、大叫大嚷的、庞大的团体。而实际上，你只有在新兵训练营地才能听到铁面无私的大声命令。军队是为了塑造新兵坚强的人格才对新兵加以严格训练的，因为这些新兵中的每个人不久都要成为他们先前所陌生的团体中的一员。在军队的管理层中，军士及军士以上级别的军人对在如何执行自己的任务方面要比大多数公司享有更多的发言权。因此，在对待员工方面，企业可以在实施领导的职责时充分发挥其强大的道德作用，尽管这种作用尚未得到充分的发挥。

企业的领导者可以向军队学到许多经验，而从现在起，企业的领导者已经越来越愿意向军队学习。

管理者的能力训练

管理领导人的第一要求，是克制亲自解决问题的冲动，建立一个能够消除问题的制度。

训练下一级的领导人的确需要长期的投资，但却是值得的。最后，领导者还是能够节省许多的心力，以思考更重要的问题。

这一阶段的训练使学员们从原本的领导基层部属，提升为领导基层的"领导"。

西点学员进入这一阶段的训练之后，已经是解决问题的能手了。但是间接领导的要求，却是要克制亲自解决问题的冲动，而去学习另一个更新、更重要的技巧：协调一个团体中各个成员的活动，以达成共同的任务。令人惊讶的是，能够充分了解复杂的沟通过程，以达成任务的主管，却是少之又少。圣吉·彼德就说，很少有主管能够认真做好管理的工作："他们都只想解决问题，而非建立一个能够消除问题的制度。"西点学员经过一整年面对面的领导训练之后，就晋升为"中层主管"，初尝认真的管理是什么样的情形。升为班长之后，他们必须对整个班的表现负责，而不仅是一两个学员，这是他们加重责任的一个重要指标。

一个领导人从直接领导向上晋升到间接领导，甚至更高的职位之后，与部属的直接互动就会明显减少。他的责任会愈来愈大，帮助其他领导者解决他们所发现的问题。

间接领导的成败，一部分是取决于主管是否能够把责任授权给中层主管。不能授权的主管，只会头痛医头，脚痛医脚，把时间都花在日常问题上，而没有心力去思考整个团体的长远利益。

抗拒授权的原因，因人而异。有些人是担心把事情交代给别人，会做得不好。有些人则是觉得跟别人分享权力，会贬低自己的能力地位。还有些人认为，训练一个中层主管太过旷日废时，还不如自己动手去做。

训练部属的确需要长期的投资，但却是值得的。最后领导者还是能够节省许多心力，以思考更重要的问题。

身为班长，就必须学着改变自己的重心。如果班长发现一个新生犯了错，他必须自问："我如何能够帮助我的伍长，我直接的部属，来改善这个新生的表现？"而不是直接对新生下命令。

碰到这样的情况，通常解决办法是很直接的。他必须找伍长谈，并且做到两件事：第一，对问题要有确实的了解；第二，要有解决问题的腹案。例如，一个班长发现他班上有个新生表现欠佳，午间集合的时候皮鞋没有擦亮，而且经常因为寝室内务不整而被扣分。班长观察了几天，看看伍长是不是能够改善这个问题。后来班长决定找伍长谈一谈。

他问伍长是否注意到那个新生的问题，伍长说他不但注意到了，而且还有更多问题是班长不知道的，那个新生还会规避小组的分工义务，例如衣物送洗和分送信件。伍长还说，他一再纠正新生都不见效，令他愈来愈愤怒。

接下来班长问伍长有没有跟新生彻底谈过这个问题。伍长承认他根本没有找新生谈过，他只是口头上责骂过他几次，但是不见什么效果。班长于是跟伍长一起模拟约谈新生的情形，并且提醒伍长，谈话的目的在于找出新生表现欠佳的真正原因。

后来伍长找新生谈话之后，才发现新生来自一个小镇，中学念的也不是什么名校，他非常担心会跟不上西点的学业，而很"丢脸"地被退学回家，因此他只要一抓到时间就往图书馆里跑，躲在那里看书，而不管他的责任。经过这番谈话，伍长为他安排了课外辅导，同时准许他每个星期可以找一天下午作为额外的自修时间，但前提是他必须跟其他同学一起分担新生的各项责任。有了长官的鼓励和帮助，这位新生非常高兴，也能够达到跟其他同学一样的表现了。

班长并没有直接干预那位新生的问题，而是为他的伍长指出正确的方向，同时他很清楚解决问题所需的工具。这样的领导方式对每一个人都好：新生真正的困难得到了帮助，伍长学到一课宝贵的领导技巧，而班长自己则以最少的时间解决了一个头痛的问题。

第六篇 管理部下，严爱有加

重视沟通的重要性

因为没有沟通而造成的真空，将很快被谣言、误解、废话与毒药所充满。

要激励整个团体有良好的表现、高度的士气，一个根本的条件是开放的沟通。我们在前面说过，服从的一个根本技巧，就是注意听好命令，确实执行。然而领导人有责任带动双向的沟通，因为这是主管了解部属的最佳管道。

要有效倾听别人的意见、心声，必须靠反复的训练才能够养成技巧。只要遵守几个根本原则，就会有很大的差别。例如，提出开放式的问题，不要只问是非题，让部属多把意见说出来；让别人说完他们的看法；随时保持眼光的接触；重述部属说过的话，然后带出下一个问题；尤其是让他们知道，你能够体会他们当时的心情。

接受沟通训练

在西点军校的训练课程中，史蒂芬·柯维就沟通的问题给学员们上了这样一课。

一次，我去给美国东部某大学的200名企管硕士授课，当时还邀请了很多教授参加。我找了一个很敏感的话题：堕胎。让两个学员来到讲台上，在200多名学员面前进行沟通，一位的观点是保护生命，另一位则认为应保留自我选择权。两个人都坚持己见，我则出面调停，不断强调双方必须用互相依赖的原则来沟通，也就是双赢的沟通，尝试着去理解对方，群策群力。

"两位是否愿意沟通，直到达到双赢的局面？"

"我不清楚是怎么个情形，我也不知道他……"

"不，你不会输，最后一定会双赢。"

"这怎么可能，最后必定是一赢一输。"

"你为什么不试一下？记住，不投降，也不放弃，更不妥协。"

"让我试试。"

"好的，首先试着从对方的角度去考虑问题，等到你能清楚地把自己的观点向对方解释清楚，用他能接受的方式。"

于是，两人开始沟通。

"拜托，难道你不明白……"

柯维急忙说："等等，我认为对方还不知道你想说什么，你觉得他懂你的意思吗？"

"当然不。"

"所以，先生，你表达的还不清楚。"

为了能把自己的想法解释清楚，两个人都大汗淋漓了，根本不听对方怎么说。他们所站的立场不同，而且立刻给对方作出判断。但是，逐渐地，在经过了45分钟激烈的讨论之后，他们终于能聆听对方的想法了，后来造成的影响简直让人难以想象，连观众都受到了感动。

他们终于真正地敲开心扉，开始真诚地去体会堕胎者的需求和心理状态了。这种态度转化成了一股力量，让争论的两个人说到热泪盈眶，而听众们也被深深地打动了，过去他们只是因为同别人意见相左，就轻易地给别人下结论，诅咒对方，侮辱对方，现在则觉得羞愧万分。同时，他们又为能互相理解、群策群力而感到兴奋不已，不断提出解决的方案。

过了两个小时后，那两个人都很真诚地说："过去，我们从未真正明白什么是聆听，现在，我们了解了别人的苦衷。"

如果人们想停止对立，走向双赢，就应该给予对方足够的理解，同时，也让对方了解自己的观点，然后共同解决问题。其效果是惊人的。

史蒂芬·柯维为此还讲述了这样一件事：

有一次，有一家大公司邀请我去协助他们推广我提倡的这种沟通方式，那天我打电话到那家公司的时候，他们对我说："不用来了，会议已经取消了。"

"为什么？发生了什么事？"

"工会罢工了。"

"为什么会罢工呢？"

"因为公司没有按协议对待某些员工。"

"管理阶层怎么反应的？承认了这个指责吗？"

"对。"

"那现在正是解决问题的最好时机，告诉他们，会议照常举行。"

虽然，我一直致力于推广双赢经验，影响也很大，但是，似乎到目前为止，受到影响的都是下层阶级，管理阶级似乎觉得这没有什么用。

我找到高级主管人员，告诉他们：必须向工会道歉，虽然这只是一件小事，但这是恢复会议的大好机会。于是，公司立刻向员工道歉，这还是第一次，但事实证明这个决定是正确的，公司找回了工会主席，他说："好吧，我们参加会议，但我们会晚点到，免得你们误以为我们已经屈服了。"

当我到场时，我对总裁和工会主席说："现在我请二位做一件需要勇气的事，怎么样？"他们犹豫了一下后答应了。

我让他们站在活动的中央，然后说："我请你们听听别人的意见。"

然后，我问所有的听众："你们中的所有人都有伟大而明确的目标，在现在这种情况下，认为能完成你们的目标的人请举手。"

没有人举手。

"现在，请想想，如果我们实行双赢的原则，是不是可能会取得更大的成就？"这一次，几乎所有人都举了手。

然后我回过身来对总裁和工会主席说："你们看，他们都对你们说了些什么？我希望二位能在这里向大家承诺，你们会学习这套原则，而且让全体员工一起实行，最后解决你们的问题。现在，如果你们还没准备好要接受，就别答应。你不能空许承诺，最后还让别人失望。"两个人互相看了很久，空气沉重得让人窒息，终于，双方都伸出了手，然后拥抱了彼此，整个会场爆发出了欢呼声。

沟通的力量

一对一的沟通很有效果，这方面的例子俯拾皆是。

艺术家经常观摩别人的作品，以获得启发和灵感，他们从这里学到的，远比他们从学校中得到的知识多。

你可以回想一下那些影响过你的人，你会发现，他们都是真正关心你的人，你的父母，某位老师，或某个好朋友，而你能影响的人，也是你真正关心的人。当你同你关心的人在一起时，你们双方的利益将在你的头脑中占据重要的地位。

我们是否能和别人友好相处，同他们进行有效的沟通，完全取决于我们是否有能力看出他们的需求，并帮他们实现自己的需求。某些人习惯把自己的想法强加给别人，这样必然实现不了自己的愿望。

当和别人一起工作时，沟通是最重要的。现在的社会，知识不断地膨胀，不过当信息传递得越来越多时，我们的表达能力还维持原状，于是，误会增加，生活和工作比原来更加困难。

请看下面一则笑话，是关于传统式沟通的问题。

团长下命令给指挥官：明晚大约8点，本地区可以观看到哈雷彗星，这是隔76年才有一次的天文现象，你组织全团在团集合场观看，我要向他们介绍，如果下雨，就到礼堂去，观看关于哈雷彗星的影片。

传令官告诉连长：团长命令，明晚8点，非凡的哈雷彗星将出现在大礼堂，如果下雨，团长另有命令，会发生隔76年才出现一次的事情。

连长向排长下达命令：明晚8点，哈雷彗星和团长会同时出现在礼堂，这是隔76年才有的事，如果下雨，团长会命令哈雷彗星到团集合场去。

排长对士兵说：明晚8点，团长将陪伴76岁的哈雷将军，乘坐他的彗星轿车通过团集合场，要求全体人员都到礼堂去。

在每一个组织形态里，都有可能发生类似的误会。当老师说起这个时，很多人都承认："我们公司发生过类似的事情。"

这种沟通短路是不能彻底解决的，但也不是完全没救。大部分人都不花心思去增加相互理解的能力。他们都认为自己是个沟通能手，而把误解的责任推到别人身上，这可真是太荒唐了。

在这里我们要切记沟通的法则，以此来达到双赢的效果。

（1）与人沟通随时可以。不要因为害怕对方会冷漠，所以不敢同他交流。记住著名的帕金森定律："因为没有沟通而造成的真空，将很快被谣言、误解、废话与毒药所充满。"

（2）在沟通时，知识不一定代表智慧，敏锐的直觉也可能是错误的，同情并不意味着了解。所谓体谅，就是在"穿他人的鞋子走完一公里的路"前不要有任何偏见。

（3）负起交流的责任。作为聆听者，你要负起全部责任。听听别人的意见和看法。不要用冷漠的心情来对待与你有关系的人。

（4）用别人的眼睛来看看你自己，把自己幻想成父母，幻想成你的配偶，幻想成你的孩子或是你的下属。当你进入一间房间或办公室时，你要想想，别人会怎么看你？为什么？

（5）听取真理，不要轻信道听途说。不要成为一些飞短流长的受害者。当你得知你印象深刻的事情之后，要立即查证消息是否确实，不要光是听你喜欢的事情，要多听听事实。

（6）对于你的所见所闻，用一颗开放的心加以查证。要敢于打破常规，不存偏见，要有独立的分析判断，对真相进行研究。

（7）对每个问题，都要从积极和消极两方面来考虑，追求积极的一面。

（8）检讨你自己的心态，看看是否能够修正自己的"角色"，变成亲切有礼的父母、朋友、知己、情人或教师。

（9）考虑一下，什么样的人吸引你的注意力，以及你吸引什么样的人注意，他们是不是同一类型？你吸引胜利者吗？你所吸引的人是否有比你更成功的事业，为什么？

(10)发挥你神奇的"轻抚"艺术。今天、今晚就亲密地接触你的家人。在明天，你未来生活中的每一天，都要这样做。

矫正——管理的精髓

管理的精髓，矫正才是目的所在，而非羞辱。

有的时候进步就是奖励，敬畏就是惩罚。

公开赞扬，私下申诫

麦克阿瑟说："公开赞扬，私下申诫。"这句看似矛盾的箴言，正反映出尊重部属尊严的重要性。毕竟，矫正才是目的所在，而非羞辱。领导人尤其有责任为直属的部属在他们的手下面前保留尊严。

到这里，我们换一个不同的角度，从班长的角度来看新生训练。这些升上三年级的学长，必须负责让这一天里所有的活动分秒不差地照计划进行。

这群年轻的领导人，现在披着红色的肩章，成为当年自己刚进西点校门时敬畏有加的学长角色。升上三年级以后，很多人已经不记得从第一年的零点到现在，他们的进步有多快、有多大。所有的命令、技巧、仪式，在新生的时候觉得困惑难解，现在却是像明镜一样清楚明白。

西点的领导训练中非常重要的一课，也就是任何人都不可能独立成长。这些披着红肩章、挺拔能干的三年级学员能有今天的成功，大部分要归功于一路帮助他们成长的学长。现在则是轮到他们经验传承，帮助他们的学弟学妹。

你几乎可以在三年级学员的脸上看到这分体悟，那幕情景总是一再地令人深受感动。现在他们负起了完全的领导责任，而且是以无比的骄傲和尊严全力以赴。过去两年，也许有人对于擦鞋、擦扣环、洗制服、烫制服不是那么尽心尽力，现在却是一点也不敢马虎——因为现在他们每个人要负责带领八位新生，必须以身作则。他们还记得自己当年对班长的敬畏，现在也希望手下的新生对自己有同样的态度。

这是件辛苦的工作。班长比手下的新生睡得更少，更需要起早睡晚。有一个西点人回忆说："我在野兽营做班长，比我在野兽营做新生的时候还卖力。做个新生我是因为活动步调太快，又担心出差错，而弄得筋疲力竭；做个班长，我却是因为太在乎而筋疲力竭。我常常都得熬夜，皮鞋也是一天到晚地擦。"

有效的处罚

西点有一堂领导课程，以研究心理学家麦格雷戈·道格拉斯的烫火炉比喻，来教导学员简单、有效地处罚。麦格雷戈以伸手去摸烫火炉为喻，说明火炉传热迅速(讯息清楚)、客观(不乱发脾气)，只针对错误的行为(伸手去摸烫火炉)，态度一致(结果永远相同)，而且能够让犯错的人汲取教训。根据这些原则，下列的处理形式都能够发挥效果。

（1）口头责骂：先与部属讨论具体的情况，确定没有误解实情，之后再责备部属的不是，这是一个很有效的反应，在责备中应该强调所期望的行为，同时让部属明白问题在他的不当行为，而不在他本人。责备的重点在于改变不良的行为，而不是羞辱别人。这往往需要主管发挥极大的自制力，不论有多生气，也不能大发脾气。

（2）开除：唯有部属的道德、品格确实出现不容置疑的重大缺失时，才能够以当场开除作为处罚的手段。否则，必须是在合理的指导、咨询和告诫都宣告无效之后，才将部属开除。名将麦克阿瑟对于自己的领导责任，就曾自问："对于确实不胜任的部属，我有没有道德勇气把他们开除、调职？"

健康的态度与方法

领导者要能接受部属诚实的过失。所有的人都能从错误中学到经验教训——除非是主管自己建立起无法容忍任何过失的气氛。

曾任IBM主管的汤玛斯·华森二世的一则故事最能说明这一点。IBM因为一名部属的过失，损失了1000万美元。这名部属内疚之余，立刻递上辞呈，但是被华森断然拒绝。他说，"你想都别想！我在你身上花了1000万美元的教育费，你以为我这时候会这样让你走吗？"

这就是主管人员应有的健康的态度。只要部属能够从错误中学习，不要再发生同样的过失，那么领导者容忍诚实的过失就是得而不是失。

对部属的压力管理

适当的压力事实上能够提高部属的表现，但是过度的压力则会产生相反的效果。

威胜于爱，严格要求胜于放任自流。

没有威严，职权就不能很好地发挥作用；有了威严，职权就如同火乘风势，能更有效地发挥出威力。

压力是有限度的

适当的压力事实上能够提高部属的表现，但是过度的压力则会产生反效果。对别人的要求如果明显超过其能力，或是增加不必要的压力，例如对新生大吼大叫，反而会影响他们的表现。多年前西点新生在新生训练日，常会面临这种人为的压力。现在西点已经改变了做法，而且我们发现新生的学习能力也比过去提高了。

主管要有效处理压力，通常可以把复杂的工作分解成比较容易做到的小部分，让员工把每一个小部分都能够做好。这样的分解工作可以产生正面的压力，同时加速部属的学习过程。

西点新生的一年，使他们日后面临类似情况的压力，都能够应对自如。例如，有些西点毕业生进入空军官校以后，跟所有的新兵一样，都会受到长官的各种磨练。从西点的学习中使他们有能力应付这样的磨练，所以就不会觉得有压力。

西点有一位伍长碰到一位新生经常不守学校的规定，还认为反正他犯规又不会怎么样，也常常不把要求当一回事。早上检查过内务之后，他会跑回去睡觉，寝室内务他也不肯一起分工；他还违反新生的规定，在寝室里放着随身听。这位伍长深感苦恼，他问："如果已经用尽了所有的办法还是没有用，那该怎么办？"

伍长原本希望同伍的另外两位新生能够自己把问题解决，但是这个策略并没有奏效。违规的新生还告诉室友说，学长不能拿他怎么样，他不会遵守规定的。

到这个时候，伍长知道爱的教育已经结束，该要用铁的纪律了。他开始对这位新生严加要求，例如他叠的被一再不及格，结果每天早上他的床铺都得重新整理。伍长也常常点他背诵新生知识，特别注意他的皮鞋、皮带扣环有没有擦亮，衣着是不是绝对整齐。他还被指派负责寝室内务，寝室里任何不合格的地方，不管是他弄的还是室友弄的，他都必须负责。

在他面临这样的压力之际，其他的新生一直对他冷嘲热讽。有趣的是，同学对他造成的压力，恐怕比学长对他的要求和刁难更能产生作用。最后，他变得相当谨慎守规矩，以免受到同学和学长的特别注意。

在面对面的领导中，处罚应该是最后的手段，因为要想改变部属的行为，处罚是效果最低的办法。领导人有责任让部属知道他所期望的行为，而处罚却是让他们看到不希望的行为。但是如果部属明知而故犯，那么领导者就可能得诉诸处罚了。

严厉的下压

为整个团队订立道德标准和工作要求，是领导人的责任。主管人员必须明确地订立标准，什么可以接受，什么是不能接受的；同时建立一个开放的气氛，鼓励部属努力工作，发挥创意来解决各类问题。

同样一块铁，可以锈蚀消损，也可以百炼成钢。同样一个人，可以庸碌无为，也可以成就大事。

领导抓管理，就是为下属创造一个催人向上、奋发图强的环境，促使下属发挥出最佳战斗水平。

众所周知，美军名将巴顿除骁勇善战外，还以森严的军纪治军而声名远扬。

巴顿认为，一个战场指挥官假如不执行和维护纪律，那就是潜在的杀人犯；指挥官的放肆言词是锻炼部队的手段之一，"没有粗俗劲就无法指挥军队"。为此，巴顿从日常作风抓起，以达到军容严整，作风过硬。

首先，巴顿从自己做起，他始终是衣冠整洁、合体，以他独有的军人风度，给人们一个雄壮威严、神气勇猛的形象。

其次，为了做到令行禁止，巴顿时常亲自出去抓一小撮违令者，以强制部属遵命守纪。

1942年3月，美军第2军在北非同德军作战中吃了败仗，士气低落，纪律涣散，士兵们穿着各式各色的衣服，军容不整。巴顿调任该军军长后，立即着手抓纪律和整顿军容。他命令全军上下包括技师、护士在内都必须戴钢盔、打绑腿和系领带。为了实行着装条例，巴顿制定了着装方面的罚款制度，对那些违纪军官罚款50美元，士兵25美元。

巴顿还经常到士兵宿舍检查内务，并鞭抽贴在墙上的裸体女像。

严格的纪律在7天之内便使第2军重新振作起来，进入了战斗状态。后来在盖塔尔战役中一举打败了德军。

可见，要培养一支能征善战的队伍，首先就要从军队的纪律抓起，以法治军、以规治军才能提高部队的战斗力。

有效的压力管理艺术

美国IBM公司总裁阿克斯的开会方式是：直截了当，果断，而且涵盖一切基本要点。虽然有人批评他不如前任精明能干，但批评者对于他敏锐的天分，掌握契机的毅力，以及坚定的领导能力，均给予很高的评价。在一次会议上，他历数每位经理的过失，竟然博得全体经理起立喝彩。

阿克斯严于律己，他的一位耶鲁大学同学形容他"连玩扑克牌都事先排定时间"；他的部属则形容他"出奇地冷静，而且擅长授权"。由于20世纪70年代后期，IBM大肆扩张，斥资近500亿美元用于工厂、设备及研究发展，但市场需求却出乎意料地萎缩，使IBM陷入衰退。

阿克斯于1984年上任时，1985年IBM的净收益额下降到65亿美元，1986年更是下降到48亿美元。阿克斯力挽狂澜，并致力扎稳根基，1988年成本削减约7亿美元；以往推销员只把30％时间花在拜访顾客上，阿克斯要求他们提高到70％；同时，阿克斯还强迫性地迁调工厂、实验室、办公室职员计6800人投入行销行列。一位分析家指出："IBM的行销正全面发动攻击。"

威胜于爱，严格要求胜于放任自流，管理必然能够卓有成效。可靠的产品质量，良好的服务信誉，是企业领导人平时严格管理的结果。

没有威严，职权就不能很好地发挥作用；有了威严，职权就如同火乘风势，能更有效地发挥出威力。离开了职权及其行使，威严也难以形成；借助职权，更有利于建立起威严名望，企业领导人的声威名望总是在长期实践经营中靠自己的主观努力和客观影响，靠自己的言行、能力、业绩等产生的，不是自然而然地产生的，也不是靠人吹起来、捧起来的。

英特尔是我们大家非常熟悉的名字，它不仅仅是一个"芯片帝国"，还是一个"资本王国"。这个芯片帝国的中国区总裁简睿杰也是西点的毕业生。

简睿杰的言谈举止中总流露出一些军人的气质。他在西点军校服过役的这段经历，把他造就成为一个具有严格纪律和明确目标的管理者，"在军校服役的过程，一个人身处于具有明确目标和严格纪律的环境之中，这对后来我所从事的工作都非常有意义，这段时间是一个很好的训练，同时又是一个很好的机会了解如何领导一个组织。直到现在在英特尔，我们还是按照严格的纪律和明确的目标办事，因此我从西点军校获益匪浅。"谈到西点军校的这段生活，简睿杰道出了这段经历赋予了他最为宝贵的财富。

做一个化解冲突的高手

当冲突发生时，能够解决冲突的必定是权威人物。

处理冲突的良好能力是组织健康发展的必备条件，同时也是领袖人物合理存在的条件。

高手，化解冲突，软硬总相宜。

组织冲突的破坏性和建设性，往往是与领导者采取何种态度和策略有直接关系。正确的策略，可以化害为利，而错误的策略就可能化利为害，所以采取何种策略是领导科学和领导者所关注的重要问题。为此西点总结出了独特的处理冲突的领导艺术，这项课程非常受人欢迎，并在校内外广为传播。

回避

在冲突发生后，领导者可能选择一种消极的处理办法，如无视冲突的存在，希望双方自己通过减少群体间的相互接触次数来消除分歧。回避作为处理冲突的常见对策，其前提是，只要这种冲突没有严重到损害组织的效能，领导者是可以采取这一办法的。领导者通过回避对策，或让冲突双方有和平共处的机会。虽然对于群体间某些不太严重的冲突，回避方法是合适的，领导者在处理群体间的冲突时，往往还得采取较主动的态度。

建立联络小组

当组织内的群体交往照例不很频繁，而组织又要求他们协同解决问题时，群体间就可能产生冲突。因此，在这种情况下，相互交往对组织是非常重要的，这时就可以采取建立联络小组的方法来处理群体之间的相互关系。联络小组可以促进两个群体之间的交往。领导者所面临的挑战是物色能胜任这种边界扩展工作和充当群体代表的人选。

树立超级目标

对群体之间存在着相互依赖关系的情况，这种策略有助于领导者处理组织冲突和提高组织效率。超级目标的作用在于使双方冲突的成员感到有紧迫感和吸引力，然而任何一方单独凭借自己的资源和精力又无法达到目标，并且超级目标只有在相互竞争的群体通力协作下才能达到。在这种情况下，冲突双方可以相互谦让和作出牺牲，共同为这个超级目标作出贡献，从而使原有的冲突可以与超级目标统一起来，这有助于确保组织自觉地为这个目标努力。一旦将这一更高目标向处于冲突中的群体说明和沟通之后，便可成为组织的领导者处理群体间冲突的有效办法。

采取强制办法

领导者利用组织赋予的权力有效地处理并最终从根本上强行解决群体间的冲突。从处于冲突中的群体的角度看，有两种办法可以来促进强制程序：

第一，两个群体之一直接到领导者那里寻求对它立场的支持，由此强行采取单方面解决问题的办法。

第二，其中的一个群体可以设法集合组织的力量，办法是与组织里的其他群体组成联合阵线，这种来自于联合阵线的"强大阵容"常常能迫使组织里的另一些群体接受某个立场。这种处理冲突的策略，其实质是借助或利用组织的力量，或是利用领导地位的权力形式，或是利用来自联合阵线的力量。

解决问题

由于组织内的群体、个体往往可能不总是在进行相互间的沟通，在这种情况下，采取解决问题的办法来处理组织冲突或许最合适，它可能是比较永久性的固定形式，它可以用来就事论事地处理某些具体问题。这种办法是将冲突双方或代表召集到一块，让他们把他们的分歧讲出来，辨明是非，找出分歧的原因，提出办法，最终选择一个双方都满意的解决方案。这种面对面的沟通形式如果利用得好，可以促进相互理解。

对部属的思想管理

掌握隐形的武器——思想!

思想传帮带,红线连军中。

用思想统领"用钱武装的军队"!

美国军队也搞政治思想工作吗?这恐怕是很多读者看到标题时可能产生的疑问。的确,美军是一支雇佣军性质的资产阶级军队,实行的是全志愿兵役制,即全募兵制,或叫合同兵役制。在美国,当兵是一种职业,就如同做工、经商、教书一样,或是为了挣钱养家,或是来部队找出路。这容易让人觉得美军是一支用钱武装的军队,钱是美军的灵魂,这样的军队并不需要政治思想工作。其实,这种想法是不正确的,至少是片面的。事实是,美军的政治思想工作不但有,而且还搞得有声有色。

美军把对官兵的政治思想教育工作称为"精神指导"和"精神教育",或者叫做"思想灌输"和"思想训育"。从内容上看,美军的政治思想教育可归纳为麦克阿瑟将军1962年在西点军校的一次演说中提出的六个字:"国家、荣誉、责任"。具体讲,就是爱国主义教育、军人道德节操及荣誉教育、部队传统教育等。通过这些教育,达到改变官兵的精神面貌,激励士气,巩固团结,提高军队战斗力的目的。

新兵训练的"红、白、蓝"三阶段

美陆军新兵基本战斗训练分为三个阶段,每个阶段3周,依次称为

"红段"、"白段"、"蓝段"。"价值观训练"在各阶段训练内容中均占很大比重，在"红段"中叫"基础价值观训练"，在"白段"中叫"价值观训练"，在"蓝段"中叫"价值观教育"，体现出随着新兵的不断成熟，这一教育内容和要求的不同。具体讲，在新兵入伍训练的第一周，先由营长概括介绍陆军价值观的内容和基本要求，主要由带兵的营连指挥官（军官）和排长、教官（全部为士官）以"个人的力量"体现价值观。从第二周开始，分别采用图文介绍、观看价值观电影、教官介绍个人经历、每周以作训总结回顾和教官解答新兵提问等方式进行系统的价值观教育训练。每个阶段都要进行价值观学习考核，结合其它科目的测验，对成绩差的，实施"第二次机会"训练计划，再不合格的予以淘汰。

随时随地的教育

美国的固定政治思想教育时间并不多，但他们无时无刻不在利用各种途径，以灵活多样、喜闻乐见的形式，潜移默化地对官兵进行思想政治教育。在杰克逊堡美国陆军训练中心，"陆军价值观"的7条内容被制成标牌、宣传画，广泛张贴、悬挂。办公楼走廊里挂的是这7条，通往训练场的道路两旁插的是这7条，连队宿舍墙柱上贴的也是这7条，就连士兵餐厅的房梁下面钉的还是这7条。这使每个人随时随地都处在"陆军价值观"的氛围里，不断地受到熏陶。在训练中心的各训练场地旁边都立有一块被称作"价值牌"的牌子，上面写有一名体现陆军价值观的"英模人物"的事迹。每天训练前，士兵们由教官带领，在相应训练场地的"价值牌"前集体朗读牌上的文字，加深对陆军价值观的认识，激发训练热情。

美国军营的名人塑像比比皆是。西点军校的大操场中央，美国首任总统华盛顿的塑像高高耸立，仿佛时时在检阅这些未来的陆军军官们；教学楼旁，麦克阿瑟将军的塑像肃然伫立，像是在告诉学员什么。营区的重要场所，几乎都能看到这样的雕像。这不仅成为军营里的一道风景，更成为激励学员努力进取、报效国家的鞭策力量。

新闻传媒的作用

广泛利用大众传播媒体进行宣传，已成为目前美军思想教育和精神激励工作的一种基本形式。美国防部专门设有公共关系处，负责向国会和社会各界提供军队建设和军人生活方面的信息，设有新闻发言人，定期或不定期地向经过选择的新闻媒体发布有关消息，引导宣传导向，创造有利于美军的社会舆论环境。

美军的各军兵种都办有自己的报纸和杂志，宣传有关政策规定，反映官兵生活。这些报刊大都办得比较生动活泼，官兵们喜闻乐见。有资料显示，美军现有电台、电视台300多家，各种报刊1850多种，总发行量超过万份，全军宣传教育新闻从业人员达六七千人之多。

庞大的工作队伍

在美军中，除了各级主官有责任做好官兵的政治思想工作外，随军牧师和军士是这项工作的中坚力量。

美军早在18世纪就开始在陆、海军中配备牧师。现在的随军牧师已经发展成为一支数量可观的"政治工作"队伍，仅陆军就有1500名具有军衔的神职人员。而且，美军还设有一所全军随军牧师学校。该校仅在1999财政年度就培训了随军牧师554名，随军牧师助手507名。随军牧师还可以从民间牧师或大学神学院毕业生中经过严格挑选后产生。美军之所以设立随军牧师，一方面是为了满足军人宗教精神生活，另一方面是通过宗教活动，了解士兵的思想状况，调节官兵心理，疏导部队思想情绪，起到军官起不到的作用。

美军素有"指挥靠军官，教育训练在军士"的说法。他们认为，军士是美军实施部队教育训练的桥梁。美军大力推行军士管理教育制，由军士做士兵的政治思想工作。目前，美军有军士100余万人，占总兵力的64%，是世界上军士数量最多、比例最大的国家。

美国军士是美国基层部队的主要管理教育者和领导者。军士来自士兵，了解士兵，受士兵信任，因此能够很好地发挥作用。军士均有职有权，是部队各级主官的得力助手，担负着繁重的日常管理教育工作。军士在美军政治思想工作中的作用不同于随军牧师。牧师做的是"感化"工作，军士则主要做"训导"工作，而且能真正解决士兵的实际问题。因此，尽管士与兵之间存在着一定矛盾，但军士的话仍然有很大威力。美军的很多政治思想工作就是依靠军士这支队伍来贯彻落实的。

第七篇 回望来时路，一路星光

领导者的公益理想

领导本身并无善恶，但是领导的结果可能为善，也可能为恶。领导者的公益理想是带动整个团队前进的源动力。

西点的领导训练，值得赞扬的地方很多：课程完备，循序渐进，兼顾理论与实际。但西点的训练课程与其他学校最重要的不同，在于西点所追求的目的。西点的领导方式，是以西点坚信不移的原则为基础。一个学员如果能够圆满完成西点的训练，肯定会成为有品格、有智慧的卓越领袖。

卓越的领导人，会尽其个人能力为民众谋求福利。

领导人不应该怯于带领自己的机构去追求公益。如果主管能够奋起而领导众人追求公益的理想，所有成员都会受到启迪和鼓舞，激励他们不再局限于一己的利害，而能够致力追求和奉献于一个更崇高的理想。如此员工的个人生活将更有意义，团队的表现也会更有活力和竞争力。

有品格的领导人，重视他们所领导、所服务的人。与此相对，品格低劣的领导者，只把手下看作追求一己私利的工具和手段。能够重视他人的领导人，其行为动机是希望谋求公众的目标，增进社会全体和个体的生活，他们所用的手段，也都能够尊重与领导者在同一道路上奉献心力的所有同伴。

美国南北战争名将李将军也是西点出身，受过严格的训练，然而他爱兵如子也是众所周知的。内战期间惨烈的荒原之役中，李将军对士兵所流露出来的关爱之情，至今仍广为传颂。

当时是1864年5月6日，荒原之役战斗的第二天。就在开战之前，李将军骑着爱马"旅人"，巡视一列列疲惫的将士。指挥官向他报告说："将军，这些是弗吉尼亚最英勇的武士。"李将军默默地注视着这些将士，内心非常难过，他知道眼前这些人，很多都会在战场上"壮士一去而不复返"。

他一言未发，只是脱下帽子默默地走过兵士身边，眼眶含着泪水，最后他转身静静地走开。几分钟之后，就在部队准备冲锋开战之际，一个威武强壮的年轻人突然冲到众人前面激动地说："见到将军刚才深切关爱的表现，如果还有谁不拼死作战的，就是孬种。"另外一位在战役中幸存的士兵，回想李将军当时的举动，他说："那是最令人动容和备受鼓舞的一刻。"

身为领导人，李将军全力设法保护他手下部队的性命，同时也致力于他们共同的目标；如果不能两全，他内心的难过也会溢于言表。正由于有品格的领导人真诚地关心团体的使命，他做事的部属，其内心也就无可避免地会面临强烈的冲突和挣扎。而这种公益理想却正是作为领袖人物的灵魂所在。

在西点所受的领导教育，能使你成为更有效率的领导人。在西点学到的一个重要原则，就是领导能力的培养，也是永无止境的终生学习过程。西点四年就像企管硕士学位一样，不能教给你所需要的一切知识，但是西点却能够奠定终生成长的坚实基础。

重温西点的领导风格

"我作为新生学到的第一课，是一位高年级学员冲着我的脸声嘶力竭地训导。他在各个方面关照我，总试着教我一些道理：如果你不得不带队上山，并提前在当晚给士兵的母亲写信，那就别找什么借口了。如果你不得不解雇公司的数千名员工，那也没有借口。你本应预见到要发生的事，并寻找对策。"

——詹姆斯·金姆塞，62岁，美国在线创业时的CEO

每年春天，西点都会有900人毕业，每人都被授予学士学位，并作为中尉在美国陆军中服役。经过六周的休整，他们被派往科索沃、德国和关岛等地。一到目的地，他们就担当起第一份军官职务。

这样大胆的安排非常令人震惊：一个国家把在编部队的安全交付给了年仅二十几岁的年轻人！更不要说看管和部署大规模杀伤性武器、维持和平和偶发战事。事实证明：一旦离开西点，绝大多数年轻人毫无疑问是胜任工作的。从他们踏进校园的那一刻开始，学员就准备着承担责任，面对挑战，在压力下决策，并追求为他们确立的目标——持之以恒、百折不挠。

西点是座训练工厂，其产品是领导者。这些年来，它也许已成为全美最有效的领导开发学院。如果说哈佛商学院是"资本主义的西点"，那么就可以说西点才是领导的正宗产地。

作为对免费高等教育的回报，毕业生被要求至少在美国陆军服务五年。此后，很多人加入政府、教育等部门，尤其是进入商界——这是他们大展身手的地方。"这些人到处可见，"杰夫·钱皮恩说。他是1972年西点毕业生，现为Korn/Ferry公司合伙人。这些人在亚马逊、美国在线、Commerce One、Sci—Quest及许多其他成功企业身居显位。

在西点这样一所学校，学员只需用一节课就明白了"机关枪是最好的朋友"这个道理。但故事背后还有更深层次的道理。该校复杂而神秘的教育依赖于一种引人入胜的张力：按照雅典和斯巴达的风格来推行教育。结构、刻板的常规训练、死记硬背——这就是斯巴达，但西点也培养创造力和灵活性——而这是雅典。

在混乱的战场乃至商场上，领导者不能企望既定计划一成不变。他们依靠下属可预见的能力，也依靠下属的独立判断力。军官接受任务，但如何完成任务完全靠他们自己。

戴维·萨特梅耶是西点四年级学员，曾任"营长"（最高的学员级别之一）。他说："西点是一个独特的世界，在这里，每个人都努力开发你，你也不断观察别人，捉摸什么是卓有成效的……这样的处境始终推着你向前迈进。"自始至终，人人都在跟随，也几乎人人都在领导。每个人始终在被评估，每个行动和事件都被视为学习的良机。

永远奉行的领导公式

"我以前的一个室友违反了荣誉准则。当他把所做的事告诉我时，我并没有网开一面，而是告发了他。这并不是由于我不在乎他；我其实非常关心他。但我知道，与他被给予第二次机会相比，原则更为重要。我当时18岁，我知道我首要的责任是坚守荣誉的原则。"

——约翰·克里斯劳，87届毕业生，Compass集团总裁

斯科特·斯努克中尉说，"人们常说，江山易改，本性难移，但在这里却是例外。西点拥有这个国家最优秀、最聪明的可造之材，而且长达47

个月。西点在晚上、周末和整个长长的夏季在改变着他们。"

他不是在夸大其辞，他为有这样的机会而骄傲和自豪。斯努克1980年毕业于西点。他说："学员们18岁时我们拥有了他们，这是一个关键时期，他们正准备改变。我们不但拥有他们，而且被授权去改造他们。国家要求我们去改造他们！"

斯努克在宾夕法尼亚的农村长大，曾立志当一名医生。他自己也很惊讶，自他成为军校学员开始，他在陆军里已经呆了21年。他曾在格林纳达的一个团任执行官，因一次意外走火而受过伤。他在哈佛教授管理课程。

斯努克现在领导着西点军校的"政策、计划和分析办公室"。他的使命是从领导发展的角度审视军校业已陈旧的组织，并为一个植根于经验和惯性的体系寻找科学基础：为什么这么做事？什么才是有效的？怎样做才能更有效？

第一份陆军领导手册，创造了"知，行，成"(Knowing，Doing，Being)这一表述方法。它简洁概括了有效的领导者是如何工作的，但也是对领导力开发的一个重大挑战。"知"和"行"的能力在学员身上培养起来相对容易些，因为那是教育和训练的职能，也是大多数高校所擅长的。

但知识和技能总是有极限的——既因为它们不能在所有时间都被应用，也因为它们还会过时。长期保存的恰恰是"成"这一部分——你的自我概念、你的价值观、你的道德品质、你是谁。这就是让斯努克绞尽脑汁的问题：当一名军官意味着什么？西点军校如何才能让其4000名学员的每一个都拥有"成"的部分？

斯努克确实喜爱和重视这些内容。西点对其强制18岁青年成长的机制制作了修改，也许这种修改是在不经意间完成的。学员通过面对道德上的含糊与混乱，解决自身同一性方面的互相冲突的各种主张，从而获得进步。这就是如何获得"成"的部分。

斯努克表示，"我们不知道这方面是否做得正确。但是，如果热情百倍地投入的话，这种成长能通过经验来实现。"

斯努克还说过："有时候，挫折往往是改变人的自我概念的最好机会，它可以是人一生中第一次考试没及格，也可以是违反了荣誉规定。一旦此种情况发生，他就为自我反省打开大门。"

谨记西点的教导

"西点军校是特别能打消傲气的地方。我来自一个小镇，在那里，我是优等生，而且还是一个运动队的头目。我来到西点后发现，我的同学中60%是运动队的头目，20%是所在中学的尖子。今天你还是一个地方名星，明天你就只是数千强者中微不足道的一个。"

——戴夫·麦考梅克，87届毕业生，Free Markets公司高级副总裁

虽然4000人的团体是由4000个独特个体组成的，但实际上，那些住在布莱德雷军营用煤渣砖砌成的制式房间内的学员看上去极为相似，说的做的差不多都一样，都是一个模子里刻出来的。每个人都是团队的一员，没有一个人比团体的任务更重要。

斯努克问："为什么我们让这些孩子经受四年斯巴达式的教育？你住在冷冰冰的兵营，上午9∶30之前不能往垃圾桶里倒垃圾，水池必须始终

保持干净、不堵塞。如此多的规定和规则，这是为什么？"

斯努克说："因为一旦毕业，你将被要求全无私心地效力。在军队的这些年里，你将要吃苦，将在圣诞节远离亲人，将在泥地上睡觉。这份工作有许许多多的东西让你把自我利益放在次要地位。因此，必须习惯这一切。"

这些才是学员学到的核心。他们每天既在课堂上听，也在四周亲眼看到这些。他们看到的伟大领导者在鼓舞和激励别人，因为他们关心自己的部属，因为他们愿意亲自做任何他们要求别人做的事情。四年级学员兰迪·霍珀说，"观察任何一位做成大事的领导人，其关键是仆人精神。不身先士卒，就没法领导。"

霍珀，来自德州，22岁，是布莱德雷兵营"C—2"连连长。西点共有32个这样的连，每个连约有128名学员，有各自的绰号(C—2的意思是"空中飞人")、激励口号和文化。连是西点的核心组织单位，对实验性领导力开发而言，连也是关键的组织。

新学员总处在最底层。他们学习如何跟随——听从上级的命令，并按命令去做。二年级学员与1至2名新学员组成一个小组，每次担当军事领导者的角色，学习在互相信赖的基础上发展与下属的默契关系，并直接对新生的表现负责。

相反的，二年级学员向三年级学员汇报，每个三年级学员负责由2至3名二年级学员和相应4至6名新生组成的班。三年级学员充当学员队伍的军士角色，他们必须实行间接领导。他们还对一年级学员负责，但必须通过二年级学员来指导行为，必须学会用以身作则来激励下属。

四年级学员统领全局。开学前的夏季，他们负责新生和二年级学员的为期8周的训练。到了8月，他们在学员等级体系中担任军官的角色。排长向连长、参谋、旅长报告，而连长则服从营长的命令和管制。

人人都是领导，人人都被领导。每个人争当榜样，每个人都评估别人。

在这个24小时运转的领导实验室里，学员们获得谦卑的品质。作为领导者，若无跟随者，他们的培养则一无是处。乔·巴格里奥是四年级学员，同时也是C—2连的执行官。他说："一开始就必须明白，你站在领导岗位并不是因为你更聪明或更好。一旦你认为自己什么都懂，你就要众叛亲离。"

他们还必须在重压下取得好成绩。学员必须面对让人心惊胆战的大量功课、运动和军事活动。校方知道，在理论上有足够的时间来完成这些学业任务，他们已研究过这个问题。然而在实践上，学员学会了排定优先次序——什么得先做，什么可以稍后再做。不仅如此，他们渐渐明白，在混乱之中，他们唯一能控制的是他们自己。凯恩说："火烧眉毛的时候，不用追问怎么去做，只管去做就行了。"

托尼·伯吉斯少校早已经历了所有这一切，其中有担忧，有困惑，也有自豪。伯吉斯是1990届毕业生，现在是C—2连专职战术官，他可能是该连128名学员成长中唯一最具影响力的人。用他的话说，他是学员们的"教师、教练、导师、督导和监护人"。

伯吉斯本人对做领导非常热心和喜爱。他的父母是传教士，童年在墨西哥度过。他是带着雄心壮志进入西点的。他说："我本打算5年期满后就离开军队，在30岁成为商界大亨。我当时并不知道怎样实现这一切，但我要这么做。可是，在这条路的中途，我迷恋上了当领导，我迷恋上了精英之路的艰辛与喜悦。"

在管理学员时，伯吉斯散发出激越和热情的光芒。他和蔼可亲，言行谨慎，是朋友，又是老板。他的成功靠的是维持一种微妙的平衡——引导学员做决策，而不是由他自己来做决策；给学员足够长的绳子，但知道何时收短绳子。他必须找到前进的机会，但又必须发现挫折。他必须随时准备施展影响力。

他认为，如果伯吉斯成功了——如果西点军校成功了——他的学员将作为"独当一面"的人而脱颖而出。他说，"你知道，他们会成功，他们做的将比我们所能想象的还要出色。"

寻访这些西点毕业生的足迹，让我们感慨万千。正如西点军校的宣言书中所坚称的，该校致力于生产这样的毕业生：他们将"毕生的无私服务献给国家和社会"。这一含糊的措词曾引起一些人的担心，他们相信，上述这种服务应绝对是军事的。但是，作为一个国家，我们在每一部门都缺乏伟大的领导者。从某种意义上说，有的人可以责备西点人放弃了军事，但是，有什么好多虑的呢？商业已成为新的国防。服务于经济，也是在服务国家和社会。因为，众所周知，国家的核心竞争力已经转移到了经济领域。谁拥有经济领域的精英人物，谁就多了一分胜出的把握。